◆ "双高计划"高职畜牧兽医高水平专业群建设教材

# 动物病理

DONGWU BINGLI

主　编◎张传师　吕永智

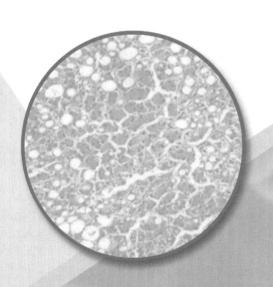

重庆大学出版社

## 内容提要

本书内容包括病理基本知识和实训指导两个部分,阐述了动物病理和疾病认知、局部血液循环障碍、细胞与组织的适应与修复、水盐酸碱平衡、炎症、缺氧、休克、黄疸、肿瘤等病理变化的发生原因、机理和形态学变化,最后一部分为实训指导手册。

本书每个项目设置了学习目标、病例导入和PBL教学问题,便于学习者明确教学重难点;通过实践临床病例引入教学内容,便于学习者将理论知识点与实际结合;要点一览表和项目小结便于学习者对知识点进行梳理总结与巩固。实训指导中病理变化镜检图片清晰、特征明确,能生动形象地展示各种病理变化,便于学习者直观认识。同时课程内容设置中体现"产赛教"理念,使教材的内容更能对接产业,技能型更加突出。

本书可供高职高专畜牧兽医、动物防疫检疫及相关专业师生使用,还可作为相关专业从业人员的参考书。

**图书在版编目(CIP)数据**

动物病理/张传师,吕永智主编. -- 重庆:重庆
大学出版社,2021.7(2023.2重印)
"双高计划"高职畜牧兽医高水平专业群建设教材
ISBN 978-7-5689-2569-3

Ⅰ.①动… Ⅱ.①张… ②吕… Ⅲ.①兽医学—病理
学—高等职业教育—教材 Ⅳ.①S852.3

中国版本图书馆 CIP 数据核字(2021)第025584号

"双高计划"高职畜牧兽医高水平专业群建设教材
**动物病理**
主 编 张传师 吕永智
副主编 殷红梅 陈脊宇
特约编辑 兰明娟
责任编辑:陈 力 版式设计:陈 力
责任校对:姜 凤 责任印制:赵 晟
\*
重庆大学出版社出版发行
出版人:饶帮华
社址:重庆市沙坪坝区大学城西路 21 号
邮编:401331
电话:(023)88617190 88617185(中小学)
传真:(023)88617186 88617166
网址:http://www.cqup.com.cn
邮箱:fxk@cqup.com.cn(营销中心)
全国新华书店经销
重庆华林天美印务有限公司印刷
\*
开本:787mm×1092mm 1/16 印张:7.75 字数:177千
2021 年 7 月第 1 版 2023 年 2 月第 3 次印刷
ISBN 978-7-5689-2569-3 定价:45.00 元

# PREFACE
## 前　言

　　动物病理是畜牧兽医、动物药学、动物医学、动物检疫与防疫等专业的一门重要专业基础课，与后续课程，如临床诊疗、传染病、寄生虫、普通病防治等有着密切的联系，是专业核心课的重要前导课程之一。

　　本书着重对动物疾病的基本病理过程、病变发生的原因与机制、器官组织细胞病变基本特征，以及病理检查技术等多个方面进行了阐述。适当删减了一些过时的内容，选择性地增加了部分病理研究领域的新理论，反映本学科的新进展，以体现本书的科学性、先进性和创新性。编者在编写中既确保概念准确、内容精练和理论体系完整，同时还注重文字的易读性和内容的实用性，并采用了大量的图、表，图文并茂，相得益彰。

　　本书共包含 12 个学习项目，动物病理基本认知（吕永智编写）、疾病认知（殷红梅编写）、局部血液循环障碍（殷红梅、张传师编写）、细胞与组织的适应与修复（殷红梅、李思琪编写）、细胞与组织的损伤（张传师、陈脊宇编写）、水盐代谢障碍及酸碱平衡紊乱（李思琪编写）、炎症（王晓艳、张传师编写）、缺氧（吕永智编写）、休克（杨庆稳编写）、黄疸（牛泽）、肿瘤（王晓艳编写）、实训指导（曹婷婷、陈脊宇编写）。每个项目在开始之前都设置了学习目标、病例导入和 PBL 教学问题，便于学习者明确教学重难点；通过实践临床病例引入教学内容，便于学习者将理论知识点与临床实际结合；要点一览表和项目小结便于学习者对知识点进行梳理、总结与巩固。

　　本书具有以下 3 个方面的特色：

　　（1）本书精选了来自教师教学、科研中积累的多幅图片，病理变化典型、组织切片镜下照片清晰、特征明确，能生动形象地展示各种病理变化,便于学习者直观认识。

(2)本书将实际案例穿插于基础知识中,这样既能帮助学习者对病理变化的理解,也能让学习者将病理变化与实际情况联系起来,帮助其真正做到学以致用。

(3)本书编写融入了"产赛教"融合理念,开发课程中重要内容,紧密对接生产实践,开发为专业技能赛项,以帮助提高学生的技能水平与专业素养。

由于编者水平有限,书中可能存在疏漏和错误之处,诚恳希望同行专家、各院校师生和广大读者提出宝贵意见,以便不断完善。

编　者

2020 年 4 月

# CONTENTS
## 目 录

# 项目一　动物病理基本认知

## 一、学习目标

1. 掌握动物病理的含义。
2. 理解动物病理的任务和内容。
3. 了解动物病理的发展历史、趋势及其在动物医学中的地位。
4. 了解动物病理的研究方法。
5. 理解动物病理的指导思想。

## 二、病例导入

猪瘟是猪的一种高度传染性疾病,对养猪业危害很大。该病的主要症状表现为耳根、腹部和股内侧的皮肤常有许多点状出血或较大红点。该病的典型病理变化主要包括:肾脏表面针尖状出血点(图1.1);切面皮质部点状出血;全身淋巴结肿大出血;胃黏膜散在纽扣状溃疡灶;病猪脾脏边缘有明显的梗死灶(图1.2);膀胱黏膜点状出血如图1.3所示。

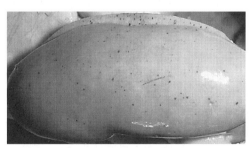

图1.1　肾表面针尖状出血

图1.2　脾边缘性梗死

图 1.3　膀胱黏膜点状出血

## 三、PBL 设计

(1)在猪瘟病例中,哪些属于形态结构的变化? 哪些属于功能的变化?

(2)在兽医临床工作中,要认识病变需要掌握哪些技术?

(3)结合猪瘟病例,谈谈动物病理课程在兽医临床中的重要性。

## 四、要点一览

| | |
|---|---|
| 动物病理 | 研究动物疾病的病因、发病机制和患病机体所呈现的代谢、功能和形态结构的变化,阐明疾病发生发展和转归 |
| 动物病理的内容 | 包括病理生理学和病理解剖学,分为总论和各论 |
| 动物病理的任务 | 病因学、发病机制、病理变化、预后与转归 |
| 动物病理的地位 | 桥梁医学,在动物疾病的诊断和研究上具有重要作用 |
| 动物病理的技术方法 | 尸体剖检、动物实验、临床病理研究、活体组织检查、组织培养和细胞培养 |
| 动物病理的观察方法和新技术 | 大体观察、组织和细胞学观察、免疫组织化学观察、超微结构观察、放射自显影、流式细胞仪、核酸原位杂交 |

## 五、相关知识

### (一)动物病理的性质

动物病理(animal pathology)是一门通过研究动物疾病的病因、发病机制和患病机体所呈现的代谢、功能和形态结构变化,来阐明疾病发生发展和转归的兽医基础科学。该课程的目的是为动物疾病的认知、诊断、防治提供理论基础和实践依据。

### (二)动物病理的内容

动物病理包括病理生理学和病理解剖学(图 1.4)。病理生理学是着重研究患病机体物质代谢和功能活动变化的一门学科,例如机体上呼吸道感染时体温的升高、嗅觉功能的下降。病理解剖学是着重研究患病机体形态结构变化的一门学科,例如,当机体发生慢性支气管炎时支气管纤毛的粘连和倒伏。

图1.4 病理生理学和病理解剖学研究角度

动物病理也可以分为总论和各论两部分。总论是论述疾病过程中可能出现的各种基本病理过程的表现及其发生发展的一般规律。总论部分阐述细胞和组织损伤、损伤的修复、局部血液循环障碍、炎症、肿瘤等基本病理过程及发生发展的基本规律。通过总论的学习,奠定从器官、细胞、亚细胞、分子水平认识疾病和分析疾病的基础。各论是论述各器官系统的疾病、传染病和寄生虫病等的病理变化及其发生发展的特殊规律。各个疾病有自身的病因、发病机制、发生部位、病理变化及其相应的临床表现,各论就是阐明每种疾病的病因、病变及其发生发展的特殊规律,研究其与临床表现的关系及其对疾病的防治意义。总论是各论的基础,各论是总论的具体应用,两者相辅相成,使病理学成为一个完整的整体。

### (三)动物病理的任务

研究和阐明疾病发生的原因即病因学(图1.5)。研究和阐明在病因的作用下,导致机体疾病发生发展的具体环节、机制和过程即发病机制。在研究疾病发生发展过程中,机体的功能、代谢和形态结构的变化(图1.6)即病理变化(病变)。预后是指预测疾病的可能病程和结局,判断疾病的特定后果(如康复,某种症状、体征和并发症等其他异常的出现或消失及死亡)。转归是指病情的转移和发展,例如病情的恶化或好转,以及扩散或减轻等。

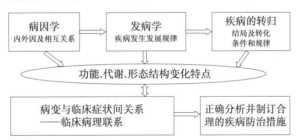

图1.5 动物病理的任务示意图

图1.6 疾病发生发展过程中呈现的形态结构改变

### （四）在兽医科学中的地位

动物病理是一门重要的专业基础课，被称为桥梁医学，同时具有重要的临床实践意义。动物病理是兽医科学的基础学科与临床学科之间的桥梁。它以解剖学、组织与胚胎学、生理学、生物化学、微生物学和免疫学等学科的知识为基础，研究疾病的病因、发病机制和病理改变，揭示疾病发生发展的一般规律。同时，动物病理学的基本内容又为内科学、外科学、传染学、寄生虫病等学科的学习提供必要的理论基础。可见，动物病理是基础医学和临床医学之间的一门桥梁课程，起承上启下的作用，在医学教学中占有重要地位。

动物病理学在动物疾病的诊断和研究上具有重要的作用。尽管随着科学技术和兽医科学的发展，临床诊断疾病的手段不断增多，如影像诊断技术、实验室化验、内镜检查等已广泛应用于临床诊断，但病理学诊断仍是很多疾病的最后诊断。病理学通过尸体解剖、活体组织检查和动物实验等研究方法，直接应用于临床实践，在疾病的诊断和发生发展规律的阐明，以及临床工作水平提高方面均具有重要作用。动物病理诊断是直接观测器官、组织和细胞病变特征而作出疾病诊断，因而它比临床上的其他诊断如根据病史、症状和体征等作出的分析性诊断更具有直观性、客观性和准确性。

### （五）动物病理的技术方法

#### 1. 尸体剖检

尸体剖检简称尸检，即对动物尸体或发病动物扑杀进行病理剖检，观察组织、器官和细胞的病变。其作用有确定死因，发现某些特殊疾病，收集、积累各种疾病的病理资料。尸体剖检记录样表见表1.1。

#### 2. 动物实验

动物实验是指在人为控制条件下，用实验动物复制动物疾病的模型，根据研究需要对其代谢、功能和形态结构进行系统的检测和观察研究。人为控制条件下，运用动物实验的办法，在适宜动物身上复制动物和人类某些疾病的模型，是生物医学各个领域均可利用的技术方法之一。通过疾病复制过程，可以研究疾病的病因学、发病机制、病理变化及疾病的转归，并可根据研究的需要，对其进行各种方式的观察研究。动物实验的优点是可以不受任何限制地按研究者的主观设计进行研究，可以按计划人为控制实验条件、人为施加有害影响因素，可以随时和任意取材活检和处死尸检。其缺点是动物与人之间及不同动物之间有许多种属差异，因而不能把动物实验的研究结果不加分析、无条件地直接套用于人或相应的动物，仅可为疾病的研究提供参考和借鉴。

表 1.1 动物尸体剖检记录样表

编号：

| 动物主人及所属单位： | | | | | | | |
|---|---|---|---|---|---|---|---|
| 动物种类 | | 品种 | | 性别 | | 年龄 | | 毛色 | |
| 死亡时间 | | | | 剖检时间 | | | 剖检地点 | |
| 临床诊断 | | | | | | | | |
| 实验室检查 | | | | | | | | |
| 外部检查 | | | | | | | | |
| 内部检查 | | | | | | | | |
| 病理解剖诊断 | | | | | | | | |
| 病理组织学检查 | | | | | | | | |
| 结论 | | | | | | | | |

主检者 　　　　　　 年 　月 　日

### 3. 临床病理研究

临床病理研究是对自然发病动物进行临床病理学研究。动物的血液、尿液、粪便、渗出物等做实验室化验分析。

### 4. 活体组织检查

活体组织检查是指运用切除、穿刺、钳取、针吸、搔刮等手术方法，从发病动物活体采取病变组织进行病理检查。其目的在于：在活体情况下对患病动物作出诊断；对术中病畜作出诊断，协助选择术式和手术范围；随诊观察病情，判断疗效；利于采用组织化学和细胞化学等方法。

5.组织培养和细胞培养

组织培养和细胞培养是指将选定的某种组织或细胞用适宜的培养基在体外培养,可观察组织病变的发生发展过程或某种病因作用下组织细胞病变的发生发展规律。

**(六)动物病理的观察方法和新技术的应用**

1.大体观察

主要用肉眼或辅以放大镜、量尺和衡器等对尸体、器官和组织中病变的大小、形状、质量、色泽、质度、表面及切面形态进行观察和检测。

2.组织和细胞学观察

将病变组织制成切片,或将脱落细胞制成涂片(图1.7),经染色后用光学显微镜观察组织和细胞的病理变化。

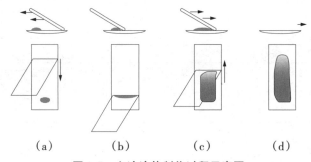

(a)　　　(b)　　　(c)　　　(d)

图1.7　血液涂片制作过程示意图

3.免疫组织化学观察

将抗原抗体反应与组织化学或细胞化学的呈色互相结合,形成免疫组织化学技术。

4.超微结构观察

应用透射电子显微镜观察病变组织细胞内部超微结构的变化;用扫描电子显微镜观察细胞表面超微结构的变化。

5.其他方法

放射自显影、流式细胞仪、图像分析技术、核酸原位杂交、聚合酶链反应(polymerase chain reaction, PCR)。

**(七)学习动物病理的指导思想**

1.对立与统一

任何病理变化都是疾病过程中损伤和抗损伤的结果,一方消失了则另一方也随之消失。例如,猪丹毒的皮肤疹块是由猪丹毒杆菌引起的损伤与猪的抗损伤共同作用形成的,一旦细菌消失,则疹块(病变)也随之消失。若猪的抵抗力消失,则疹块也会随尸体毁灭而消失。这种现象符合既相互对立又相互依赖的规律,即矛盾的对立统一规律。

**2. 局部与整体**

局部病变可以引起全身反应(如心衰→全身淤血;肾炎→全身水肿);全身疾病可以在局部表现(如慢性猪丹毒→二尖瓣菜花样赘生物;猪瘟→脾边缘梗死;口蹄疫→虎斑心);一器官病变可以影响另一器官(如慢性支气管炎→肺源性心脏病;右心衰竭→肝郁血;恶性肿瘤→全身消瘦;神经损伤→局部肌肉萎缩);畜体与外界环境构成一个整体(如气温过高→中暑;气温过低→感冒;噪声→应激反应)。

**3. 形态与功能**

形态与功能的改变是疾病发生发展过程中的两个方面,例如炎症反应过程中呈现出的红、肿、热、痛、功能障碍。

**4. 静态与动态**

任何疾病都是不断发展的,从开始到结束,其病变也不一样。病理标本只反映了疾病过程中某一时刻的形象,并非全貌。要看清现状,就需联系过去和未来,了解病变产生的机制。

**5. 内因与外因**

任何疾病都是由病因与机体相互作用的结果。不同性质的病因在疾病的发生发展过程中所起的作用不同,应该具体问题具体分析。

**(八)动物病理发展简史及发展趋势**

公元前460—前370年,希腊名医希波克拉底(Hippocrates)创立液体病理学说,认为疾病是外因促使体内4种基本液体(血液、黏液、黄胆汁、黑胆汁)配合失调所致。18世纪中叶,意大利临床医学家莫尔加尼(Morgagni,1682—1771)创立了器官病理学(organ pathology),提出疾病的定位观点。19世纪中叶,德国病理学家鲁道夫·魏尔啸(Rudolf Virchow,1821—1902)在显微镜帮助下,创立了细胞病理学(cellular pathology),认为细胞结构病理障碍是一切疾病的基础。

中医对病因、病机有独特的认识,并形成了独特的理论体系。如病因有外因(六淫)、内因(七情);疾病的发生是内外因素作用的结果(阴阳失调、五行生克制化失常、脏腑功能紊乱)。内脏器官的生理病理现象还会在体表、五官等处表现出来,即所谓脏象。目前,我国病理学发展很快,出现了许多边缘学科和分支,如超微病理学、分子病理学、免疫病理学、遗传病理学等。

随着科学技术的飞速发展,在借助肉眼和光学显微镜进行尸体剖检、活体组织检查及动物实验等传统方法并不断改进的基础上,病理学发展取得了巨大的进步。由于电子显微镜技术的建立和随后发明的生物组织超薄切片技术、相差显微和偏光显微技术、显微分光光度法、X射线衍射、细胞化学、细胞匀浆、梯度离心、细胞培养、免疫荧光、免疫电镜、放射自显影、扫描电镜、酶标等研究方法和实验技术,病理学的研究从细胞水平进入亚细胞水平和分子水平,使人们能从代谢、机能和形态改变等方面来认识疾病的发生和发展。

## 六、思维导图

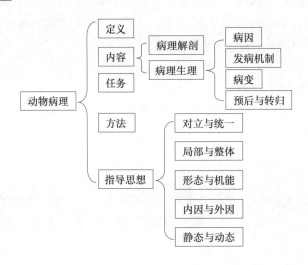

## 七、延伸学习

动物尸体剖检技术是运用病理解剖学知识,通过检查尸体的病理变化,获得诊断疾病的依据。病理剖检可以为进一步诊断和研究提供方向,具有方便快速、直接客观等特点。有的疾病通过病理剖检,根据典型病变便可确诊。尸体剖检还常被用来验证诊断与治疗的正确性,对动物疾病的诊断意义重大。即使在兽医技术和基础理论快速发展的现代,仍没有任何手段能取代动物尸体剖检在诊断技术中的作用。

# 项目二　疾病认知

## 一、学习目标

1. 重点掌握疾病发生的基本原理和疾病的转归。
2. 了解疾病的经过和死亡的种类。

## 二、病例导入

咳嗽是一种常见的疾病症状,那么咳嗽是怎么发生的? 咳嗽的实质是一种神经反射,咳嗽的受体存在于体内的许多部位,如咽、喉、气管、支气管树、心包、胸膜、膈肌等。受体接受到病因刺激,将反射传送到延髓的咳嗽中枢,中枢支配由咽肌、膈和其他呼吸肌协同完成咳嗽动作。

## 三、PBL 设计

(1)疾病的一般经过包括哪几个期?
(2)当机体抗损伤占优势时,疾病就会逐渐缓解。
(3)疾病转归结局有_____、_____和_____。

## 四、要点一览

| | |
|---|---|
| 疾病发生的基本原理 | 1. 直接作用;<br>2. 神经调节机能改变;<br>3. 体液调节机能改变;<br>4. 细胞分子改变 |
| 疾病发展的基本规律 | 1. 损伤抗损伤转化规律;<br>2. 疾病过程中因果转化规律 |
| 疾病的经过 | 1. 潜伏期;<br>2. 前驱期或先兆期;<br>3. 临床经过期又称症状明显期;<br>4. 终结期又称转归期 |

续表

| 疾病的结局 | 1.完全痊愈；<br>2.不完全痊愈；<br>3.死亡(濒死期、临床死亡期、生物学死亡期) |
| --- | --- |

## 五、相关知识

疾病学(pathogenesis)是关于疾病如何发生(origination)、发展(development)和转归(termination)的理论学说。

### (一)疾病发生的基本原理

#### 1.直接作用

如烧伤、强酸腐蚀。

#### 2.神经调节功能改变

如作用于感受器(呕吐、咳嗽)；作用于中枢(中枢损伤、狂犬病)；神经营养调节功能改变(压迫性萎缩)。

#### 3.体液调节功能改变

如体液量变化(失血、脱水、水肿)；体液理化性质变化(渗透压、pH、电解质含量改变)；激素含量变化(侏儒症、甲亢)。

#### 4.细胞分子改变

如蛋白、核酸结构改变。

### (二)疾病发展的基本规律

#### 1.损伤抗损伤转化规律

致病原因作用于机体时，引起机体损伤。同时，机体的防御、代偿功能对抗致病原因，这种损伤和抗损伤作用推动着疾病的发展，贯穿疾病的整个过程，并决定了疾病的转归。当损伤占优势时，疾病就会恶化；当机体抗损伤占优势时，疾病逐渐缓解。

#### 2.疾病过程中因果转化规律

在疾病发生发展过程中，原因和结果可以相互交替和相互转化，即由原始病因引起的后果，在一定条件下可以转化为另一些变化的原因。这种因果交替的过程是疾病发展的重要形式。以创伤引起的大出血为例：

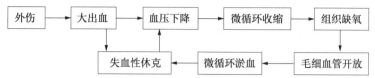

### （三）疾病的经过

疾病从发生发展到结局的过程，称为病程。在这个过程中，具有一定的阶段性，通常分为 4 个阶段。

#### 1. 潜伏期或隐蔽期

从病原侵入机体起到疾病的第一批症状出现为止这一时期。不同的疾病潜伏期不一样，急性疾病可无潜伏期，狂犬病潜伏期可达数十年。

#### 2. 前驱期或先兆期

从疾病出现最初症状到主要症状开始暴露这一时期。此期临床症状不具有特征性，容易被忽视或误诊。

#### 3. 临床经过期或症状明显期

紧接前驱期之后，疾病的主要或典型症状已充分表现出来的阶段。临床上一般以该期表现的典型症状和体征作为疾病诊断的依据。

#### 4. 终结期或转归期

疾病的结束阶段。在转归期中，有时疾病结束得很快，症状在几小时到一昼夜之内迅速消失，称为骤退；有时则在较长的时间内逐渐消失，称为缓退。

### （四）疾病的结局或转归

一般可分为完全痊愈、不完全痊愈和死亡 3 类。

#### 1. 完全痊愈

当致病因素作用停止或消失后，机体的功能恢复正常，损伤的组织也修补康复，疾病症状全部消除，病理性调节为生理性调节所取代，畜禽的生产能力也恢复正常，称为完全痊愈。

#### 2. 不完全痊愈

患病畜禽的主要症状虽然消除，但受损器官的功能和形态结构未完全恢复，甚至遗留有疾病的某些残迹或持久性的变化，称为不完全痊愈。例如，家禽关节炎转为慢性而形成关节周围结缔组织增生,关节肿大、粘连、变形并成为永久性病变,称为病理状态。

### 3. 死亡

死亡是指机体作为一个整体的功能永久性停止,即生命的终结。在疾病过程中,由于损伤作用过强,机体的调节功能不足,不能适应生存条件的要求,其抵抗能力已耗竭,动物不能继续生存,便可发生死亡。

### (五)死亡的分类

根据引起死亡的原因不同,可分为自然死亡和病理死亡。

#### 1. 自然死亡

自然死亡是由于机体衰老所致,这种死亡实际上极为罕见。

#### 2. 病理死亡

病理死亡是因疾病或暴力引起的死亡,可发生于任何年龄的人和动物。病理死亡可因重要生命器官(如脑、心、肝肺)的严重而且不可恢复性损害,或慢性消耗性基本疾病(如结核、恶性肿瘤等)引起机体极度衰竭(称为恶病质),或由于失血、休克、窒息、中毒引起器官组织功能失调所致。

### (六)死亡的过程

死亡的过程可分为濒死期、临床死亡期和生物学死亡期3个阶段。

#### 1. 濒死期

濒死期是临床死亡以前的阶段,机体各系统功能发生严重障碍,脑干以上深度抑制,意识模糊或消失,各种反射迟钝,心跳减弱,血压降低,呼吸减弱或出现周期性或痉挛性呼吸。

#### 2. 临床死亡期

临床死亡期又称躯体死亡期或个体死亡期,此期中枢神经系统的抑制过程由大脑皮质扩散至皮质下部位,延髓也处于深度抑制状态。临床表现为心跳、呼吸停止、各种反射消失、瞳孔散大,但各种组织细胞仍有短暂而微弱的代谢活动。临床死亡是可逆的。在它发生之后的一个极短暂的时间内(一般为 6 ~ 8 min),脑组织尚未遭受到不可逆的破坏,组织细胞还保持着最低水平的代谢,此时若采取急救方法有复活的可能。

#### 3. 生物学死亡期(真死)

生物学死亡期是死亡的不可逆阶段。此时大脑皮层、各系统、器官的组织细胞功能和代谢均完全停止并逐渐表现出死症:尸冷(由于物质代谢停止,体温下降至周围环境相同)、尸僵(死后肌肉组织收缩变硬的现象,一般在死后 1 ~ 6 h 开始出现,在 36 ~ 48 h 消失)、尸斑(动物死后,血液坠积于身体的下垂部位,红细胞发生溶血现象,使该处皮下出现紫红色或紫蓝色斑块。尸斑的位置与分布因死亡时尸体的体位而不同)。

## 六、思维导图

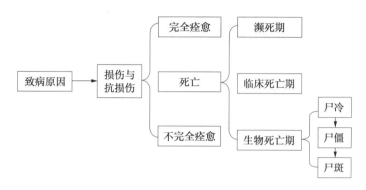

## 七、延伸学习

一般所说的死亡是指动物的个体死亡。临床死亡的传统三症候是呼吸停止、心跳停止、瞳孔散大且固定反射和对光反射消失。有人根据这一传统概念,按心跳停止和呼吸停止发生的先后顺序不同,分别称为心脏死亡或呼吸死亡,但是心跳和呼吸停止的动物并不意味必将死亡。随着复苏技术和支持疗法的改进,对失去大脑和脑干功能的人,采用呼吸机、心跳起搏器等,心、肺功能可以得到维持,但这些生物体要完全复苏已不可能,死亡仍不可避免。因而,1967 年 Bamad 首次以心脏移植为契机,对死亡的传统概念提出质疑,提出"脑死亡"(brain death)的新概念。脑死亡是一个重要的生物学和社会伦理学概念,指全脑的功能发生不可逆的停止。脑死亡的判断标准为瞳孔散大或固定、自主呼吸停止、不可逆性脑昏迷、脑干神经、脑电波消失、脑血液循环停止。脑死亡不代表器官组织均已死亡,这对器官移植具有极其重要的意义。

# 项目三　局部血液循环障碍

## 任务一　充　血

### 一、学习目标

1. 重点掌握动脉性充血原因、类型及病理变化。
2. 掌握静脉性充血原因及病理变化等。

### 二、病例导入

某动物医院为 2 月龄的苏牧犬注射疫苗,注射完 5 min 以后,该犬出现腹部皮肤发红、呼吸急促、精神紧张症状。该犬出现的是什么病理变化? 主要原因是什么?

### 三、PBL 设计

(1)充血分为_____和_____。
(2)用手指按压局部皮肤,可以导致动脉性充血。
(3)淤血发生的原因主要有哪些?

### 四、要点一览

| | |
|---|---|
| 充血的类型 | 1.动脉性充血(简称充血);<br>2.静脉性充血(简称淤血) |
| 动脉性充血概念 | 动脉性充血是动脉输入血量增多而发生的充血,又称主动性充血,由于小动脉的流入量增加,静脉回流正常,小动脉和毛细血管扩张导致的 |

续表

| 充血的类型 | 1.生理性充血；<br>2.病理性充血(侧枝性充血、炎性充血、减压后充血、血管神经性充血) |
|---|---|
| 充血的病理变化 | 眼观局部肿大(局部血液含量增加),色泽鲜红(氧合血红蛋白增多),指压褪色。局部温度升高(局部供氧增多,营养旺盛,代谢加快)。机能增强(代谢旺盛所致)。镜检组织中微动脉和毛细血管扩张,毛细血管输血量增多,血管内充满血液 |
| 静脉性充血概念 | 静脉性充血是局部组织或器官由于静脉血液回流受阻,使血液淤积于小静脉和毛细血管内而发生的充血,又称为被动性充血,简称淤血。淤血是临床常见现象,具有重要的临床病理意义。它可发生于局部,也可发生于全身 |
| 淤血的病理变化 | 局部肿胀(局部血液淤积、局部水肿);色泽暗红或发绀(还原血红蛋白增多);局部温度下降(局部代谢降低)机能减弱(代谢降低所致) |

## 五、相关知识

充血是器官或组织的血管内血液含量增多的现象。按发生机制可分为动脉性充血(充血)和静脉性充血(淤血)。

### (一)动脉性充血

1.概念

动脉性充血是动脉输入血量增多而发生的充血,又称主动性充血。由小动脉流入量增加、静脉回流正常、小动脉和毛细血管扩张导致。

2.充血的原因

(1)外因　生物性、物理性、机械性、化学性等因素引起缩血管神经兴奋降低,舒血管神经兴奋性增加,从而导致血管扩张。

(2)内因　体液因素,一些致血管扩张的活性物质如组胺、5-羟色胺、激肽、腺苷等对血管直接作用,均可使小动脉扩张充血。

3.充血的类型

(1)生理性充血　为适应器官和组织生理需要和代谢增强而发生的充血,称为生理性充血。如情绪激动时面红耳赤、运动时骨骼肌充血、进食后胃黏膜充血等。

(2)病理性充血

①侧支性充血:当动脉内腔狭窄或受阻(如动脉血栓、栓塞、受压迫等)时,局部组织供血不足或中断,其周围的动脉吻合支为了恢复血液供应,反射性扩张而充血,建立侧支循环补偿缺血组织血液供应。侧支性充血对机体具有代偿意义。

②炎性充血:致炎因子作用于血管,使血管扩张。

③减压后充血:动物机体局部组织内血管持续受到压迫发生局部缺血的同时,血管张力大大下降(如牛羊的瘤胃鼓气、腹腔积水等)。当压力突然解除,受压组织内的小动脉和毛细血管反射性扩张,引起局部充血的现象即为减压后充血。减压后充血会对机体产生不良后果,如血压降低、脑贫血,严重者可致休克。

④血管神经性充血:生理情况下,动物机体内各器官组织小动脉的舒张和收缩受植物神经的支配,小动脉经常保持一定的紧张性。在温热、摩擦等物理因子或各种化学致病因子、体内局部病理产物等的刺激(如发热)下,抑制了缩血管神经的兴奋,导致动脉血管血量增多。

**4. 充血的病变**

(1)眼观　局部肿大(局部血液含量增加),包膜紧张,边缘钝圆;切口外翻,切面隆起;色泽鲜红(氧合血红蛋白增多),充血局部颜色鲜红色,指压褪色;局部温度升高(局部供氧增多,营养旺盛,代谢加快);功能增强(代谢旺盛所致),如黏膜分泌功能增强。

(2)镜检　组织中微动脉和毛细血管扩张,毛细血管输血量增多,血管内充满血液。因充血多见于急性炎症,故局部还可见渗出的中性粒细胞和浆液。

**5. 充血的结局**

局部营养物质增多,代谢旺盛,抵抗力增强,再生分泌能力增强,加速排泄(如用于按摩、红外线、热敷);血管异常脆弱,硬化时会引起出血(如脑出血);长期充血会引发淤血,血管紧张性下降。

**(二)静脉性充血**

**1. 概念**

静脉性充血是局部组织或器官由于静脉血液回流受阻,使血液淤积于小静脉和毛细血管内而发生的充血,又称被动性充血,简称淤血。淤血是临床常见现象,具有重要的临床病理意义,可发生于局部,也可发生于全身。

**2. 淤血的原因**

(1)全身淤血　因心力衰竭,心脏不能排出正常容量的血流进入动脉,心腔内血液滞留,压力增高,阻碍静脉的回流,造成淤血。二尖瓣或主动脉瓣狭窄或关闭不全,高血压后期或心肌梗死等引起左心衰竭时,肺静脉压增高,造成肺淤血。右心衰竭时,常导致肝、脾、肾、肠道及下肢淤血。全心衰竭可引起全身淤血。

(2)局部淤血

①静脉血管受压:常见有妊娠后期子宫压迫髂总静脉引起的下肢淤血;肿瘤或炎性包

块等压迫静脉引起相应器官或组织的淤血;肠套叠、肠粘连、肠疝、嵌顿性肠扭转压迫肠系膜静脉引起局部肠段淤血;肝硬化时,肝小叶结构被破坏和改建,导致静脉回流受阻,门静脉压升高,使胃肠道和脾淤血。

②静脉血管阻塞:静脉内血栓形成或肿瘤细胞栓子等可造成静脉腔阻塞,引起相应器官或组织淤血。通常组织内静脉分支多,相互吻合,形成侧支循环,静脉淤血不易发生,只有当较大的静脉干受压、阻塞或多条静脉受压,侧支循环不能有效建立的情况下才会出现淤血。

### 3.淤血的病变

①局部肿胀,其原因是局部血液淤积、局部水肿(淤血性水肿)。
②色泽暗红或发绀,其原因是还原血红蛋白增多。
③局部温度下降,其原因是局部代谢降低。
④功能减弱,其原因是代谢降低。主要表现有:肺呼吸面积减少,缺氧;肝代谢、解毒功能降低,易发生自体中毒;胃肠吸收功能降低,消化不良。
⑤淤血器官肿胀、包膜紧张、质量增加,切面外翻。

### 4.淤血的结局

(1)组织水肿或漏出性出血 淤血时,毛细血管内压增高,通透性增大,导致局部组织发生水肿,称为淤血性水肿。严重淤血时,毛细血管壁损伤破裂,红细胞也可漏出,称为漏出性出血。

(2)器官实质细胞损伤 由于长期淤血性缺氧,实质细胞可发生萎缩、变性甚至坏死。

(3)间质纤维组织增生 因长期淤血缺氧,组织中氧化不全的酸性代谢产物大量堆积,刺激组织内网状纤维胶原化和局部纤维组织增生,使器官变硬,造成淤血性硬化,常见于肺、肝的慢性淤血。

### 5.常见的器官淤血

(1)解剖变化 急性淤血的组织和器官由于大量血液淤积在静脉和毛细血管内而肿胀,此时血流缓慢,血氧消耗过多,组织缺氧,血液内氧合血红蛋白减少,还原性血红蛋白增加,使局部呈暗红色或蓝紫色,淤血区毛细血管扩张,散热增加,局部温度降低。若淤血时间较久,静脉血压升高,局部组织代谢产物蓄积,可导致毛细血管通透性升高,血浆大量渗出,引起淤血性水肿。淤血区毛细血管损伤严重时,红细胞可透过损伤的内皮细胞间隙和基底膜进入组织,发生漏出性出血。如淤血持续发展,组织严重缺氧,实质细胞变性、坏死,间质结缔组织增生,可引起组织纤维化,称淤血性硬化。临床上,动物肺脏和肝脏的淤血较为常见。

常见淤血如图3.1—图3.4所示。

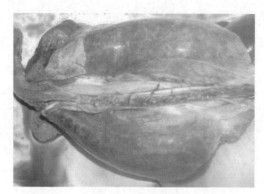

**图 3.1　猪肺淤血**

（体积肿大,色泽暗红,切面有大量暗红色泡沫样血液）

**图 3.2　鸡肝脏淤血**

（体积肿大,质量增加,暗红色,被膜紧张,边缘钝圆,切面流出大量紫红色血液）

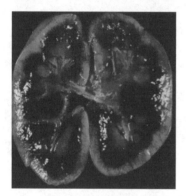

**图 3.3　肾淤血**

（肾盂内充满暗黑色组液）

**图 3.4　脾淤血**

（暗红色,体积明显增大）

（2）镜检变化　肺淤血:毛细血管扩张、充血,肺泡腔内有水肿液、巨噬细胞、红细胞及心力衰竭细胞,肺间质纤维组织增生及网状纤维胶原化(图 3.5、图 3.6)。

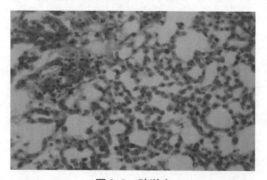

**图 3.5　肺淤血**

（毛细血管扩张、充血,肺泡腔内有水肿液、巨噬细胞、红细胞及心力衰竭细胞,肺间质纤维组织增生及网状纤维胶原化）

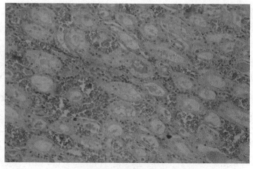

**图 3.6　淤血肾脏**

（毛细血管扩张,充血）

## 六、思维导图

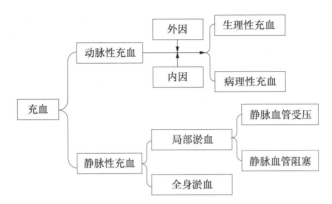

## 七、延伸学习

### （一）肺淤血

肺淤血主要是由于左心衰竭引起。

**1. 眼观**

肺肿大，呈暗红色，质地变实，挤时可从切面流出淡红色或暗红色泡沫样液体。

**2. 镜检**

肺泡壁毛细血管扩张淤血，肺泡内累积水肿液，其中常有少量红细胞和巨噬细胞。巨噬细胞将红细胞吞噬，在其胞质内血红蛋白转变为含铁血黄素。心力衰竭时肺内出现这种含铁血黄素颗粒的巨噬细胞，称为"心力衰竭细胞"，该细胞可随痰咳出，使痰呈褐色。长期严重的慢性肺淤血、肺间质纤维组织增生可致肺硬化。大量含铁血黄素在肺泡腔和肺间质中沉积，使肺组织呈棕褐色，称为肺褐色硬化。临床上，严重肺淤血时肺泡腔内充满水肿液，影响气体交换，可出现呼吸困难和发绀等缺氧症状，或因淤血性出血，咳粉红色泡沫样痰或痰中带血丝，有时甚至发生咯血。

### （二）慢性肝淤血

右心衰竭可引起肝淤血。

**1. 眼观**

肝大，包膜紧张，表面及切面均呈红（淤血区）、黄（肝细胞脂肪变性区）相间的条纹，如同槟榔的切面，故称槟榔肝。

2.镜检

肝小叶中央静脉及其附近的肝血窦高度扩张淤血,肝细胞因缺氧和受压而发生萎缩甚至消失。严重肝淤血可引起肝细胞坏死。肝小叶周边部的肝血窦淤血、缺氧较轻。肝细胞可有不同程度的脂肪变性。长期慢性肝淤血,由于肝小叶中央肝细胞萎缩消失,网状纤维塌陷后胶原化,汇管区纤维结缔组织增生,致使整个肝脏的间质纤维组织增生,肝质地变硬,导致淤血性肝硬化。

# 任务二 出 血

## 一、学习目标

1.重点掌握出血的原因及分类。
2.掌握常见的出血变化及出血对机体的影响等。

## 二、病例导入

动物医院接诊一例成年北京犬。该犬在通过公路时被一电瓶车撞飞。经临床检查,病犬精神差,呼吸微弱,眼结膜淡白色,腹部膨大,触诊有波动感。该犬可能发生哪些部位出血?出血的种类是什么。

## 三、PBL 设计

(1)出血按原因可分为_____和_____。
(2)用手指按压局部出血皮肤,可见指压部位褪色。
(3)出血发生的原因主要有哪些?

## 四、要点一览

| 出血的类型 | 1.破裂性出血;<br>2.漏出性出血 |
|---|---|
| 出血的病理变化 | 1.动脉出血呈喷射状,喷出大量鲜红色血液;<br>2.静脉出血呈线状,流出血液为暗红;<br>3.毛细血管出血呈点状、针尖状或斑块状 |

续表

| | |
|---|---|
| 内出血的类型 | 1.积血(血液流入体腔称为积血,如腹腔积血、胸腔积血、颅腔积血);<br>2.出血性浸润(血液弥散于组织间隙);<br>3.血肿(局部出血,形成肿胀);<br>4.出血斑(常见于皮肤、黏膜、浆膜和实质器官的渗出性出血) |
| 外出血的病理变化 | 常见的有鼻衄(鼻黏膜出血)、咯血(呼吸道出血经口排出)、便血(肠道出血随粪便排出)、呕血(上消化道出血经口排出)、尿血(泌尿道出血经尿道排出)等 |

## 五、相关知识

血液流出血管和心脏之外的现象,称为出血。血液流出体外,称为外出血;血液流入组织间隙或体腔内,称为内出血。

### (一)原因和类型

#### 1.破裂性出血

心脏和血管完整性遭到破坏而发生的出血。可发生于心脏和各类血管,多为局部性。常见于械损伤,如创伤、刀伤、枪伤、挫伤;炎症侵蚀,如溃疡、肺结核等对局部血管的破坏;心血管系统疾病,如动脉硬化、动脉瘤、心肌梗死。

#### 2.漏出性出血

红细胞经过扩大的内皮细胞间隙和损伤的血管基底膜而漏出血管外。只发生于后微动脉毛细血管。常见于淤血、缺氧引起的毛细血管内皮变性、血管内压升高、酸性产物损伤血管基底膜而引发出血;感染、中毒引起的血管壁损伤;过敏反应引起的血管通透性增高;维生素缺乏等。

### (二)病理变化

按出血的血管,病理变化分为动脉出血、静脉出血、毛细血管出血。动脉出血呈喷射状,喷出大量鲜红色血液;静脉出血呈线状,流出血液为暗红;毛细血管出血呈点状、针尖状或斑块状。

按出血的原因、速度、部位及损伤血管局部组织性质的不同,病理变化常有以下几种情况。

#### 1.内出血

(1)积血　血液流入体腔称为积血,如腹腔积血、胸腔积血、颅腔积血。

(2)出血性浸润　血液弥散于组织间隙。

（3）血肿　局部出血，形成肿胀。

（4）出血斑　常见于皮肤、黏膜、浆膜和实质器官的渗出性出血。

**2.外出血**

（1）鼻衄　鼻黏膜出血。

（2）咯血　呼吸道出血经口排出。

（3）便血　肠道出血随粪便排出。

（4）呕血　上消化道出血经口排出。

（5）尿血　泌尿道出血经尿道排出。

### （三）对机体的影响

出血对机体的影响取决于出血量、出血部位、出血速度和出血时间。短时间内丧失大量血液，失血量达循环血量的20%～25%，即可发生出血性休克；超过血液总量的2/3时，会引起心脑缺氧而死亡；一般小血管出血可自行停止。

### （四）常见的组织器官出血图例

常见的组织器官出血如肠系膜淋巴结出血（图3.7）、心外膜出血（图3.8）、猪皮下出血（图3.9）等。

图3.7　肠系膜淋巴结出血

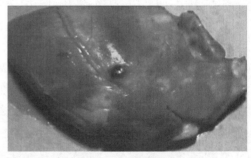

图3.8　心外膜出血

图3.9　猪皮下出血

## 六、思维导图

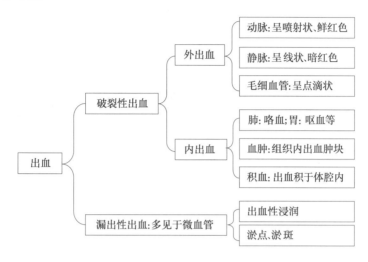

## 七、延伸学习

机体发生充血、淤血和出血的组织器官均呈红色,临床诊断时常易混淆,应给予区别。

充血一般多为局灶性,色鲜红,局部温度较高,血管搏动明显,功能活动增强,常伴发于炎症,发生快,易消退。镜检时,充血组织小动脉和毛细血管扩张充满红细胞,并有炎症出现。

淤血的范围一般较大,有时可波及全身,淤血组织体积明显增大,色暗红,体表淤血时温度降低,功能减退,淤血发展较缓慢,持续时间较长。淤血易续发水肿和出血,实质萎缩而间质增生。淤血组织若有损伤,不易修复且易继发感染。镜检时,淤血组织主要是小静脉和毛细血管扩张,充满红细胞。

出血是血液流出心血管之外的现象,外出的血液因凝固成固体,指压不褪色,而充血和淤血指压褪色,压力消除后颜色恢复。出血灶边界明显,早期颜色呈鲜红色,后期呈暗红色、蓝紫色或棕黄色。镜检红细胞在血管之外散在分布。

# 任务三  血栓形成及栓塞、梗死

## 一、学习目标

1.认识血栓的形成。

2.能准确判断血栓形成后的病理变化。

3.掌握常见的栓塞对机体的影响。

4.掌握梗死发生的原因。

5.学习血栓的基本判断。

## 二、病例导入

一只6岁家猫,雄性,营养状况良好,因双后肢突然表现疼痛,呕吐,很快后躯瘫痪前来就诊。临床检查患猫呼吸急促,上半身可抬起,眼睛较有神,背部对触摸敏感,双后肢及尾瘫软无力,脚爪无深部痛觉,后肢及脚垫发凉,生化检查,排除急性胰腺炎可能。给予猫肠胃炎治疗方案,但整体未见明显好转,持续呕吐4次,一次带血。第2天再次就诊时发现后肢脚垫发绀,经诊断为血栓引起的后躯瘫痪。请思考血栓对该病猫后期影响及治疗方案。

## 三、PBL 设计

(1)血栓的类型有_____、_____、_____和_____。

(2)常见的栓塞有哪些?

(3)肺动脉栓塞的途径和后果是什么?

## 四、要点一览

| | |
|---|---|
| 血栓形成的条件 | 1.心血管内膜的损伤;<br>2.血流状态的改变;<br>3.血液凝固性增加 |
| 血栓类型 | 1.白色血栓;<br>2.混合血栓;<br>3.红色血栓;<br>4.透明血栓 |
| 血栓的结局 | 1.软化、溶解、吸收;<br>2.机化;<br>3.钙化 |
| 栓塞的类型 | 1.血栓性栓塞;<br>2.脂肪性栓塞;<br>3.气体性栓塞;<br>4.羊水性栓塞;<br>5.其他性栓塞 |
| 梗死的原因 | 1.血栓形成;<br>2.动脉栓塞;<br>3.血管受压闭塞死;<br>4.动脉痉挛 |
| 梗死的类型 | 1.贫血性梗死;<br>2.出血性梗死 |

## 五、相关知识

### （一）血栓形成的机制和条件

血栓形成与心血管内皮细胞的损伤、血流状态的改变和血液凝固性增加有关。

#### 1. 心血管内膜损伤

心血管内膜损伤是血栓形成的最重要、最常见原因。正常情况下，完整的内皮细胞组成一层单细胞屏障，把血小板和具有促凝作用的内皮下细胞外基质分隔开，防止凝血过程的启动。当内膜损伤、内皮下胶原暴露时，凝血过程即会启动。外源性凝血过程激活，凝血酶产生并与血小板表面的受体结合，血小板不断增大，形成小丘状，成为血栓形成的起始点。

#### 2. 血流状态改变

血流缓慢、停滞或不规则、形成涡流，均有利于血栓形成。正常情况下，红细胞和白细胞在血管的中轴流动，构成轴流；血小板在其外周；周边为流得较慢的血浆，构成边流。当血流缓慢时，轴流增宽，使血小板与内皮细胞接触、黏集。同时，血流缓慢时，被激活的凝血因子不易被冲走或稀释，聚集在局部的凝血因子浓度增高，促进血栓形成，故血栓形成多见于血流缓慢的静脉。

#### 3. 血液凝固性增加

血液凝固性增加是血液中血小板和凝血因子增多或纤维蛋白溶解系统活性降低，致血液呈高凝状态。此状态可见于原发性（遗传性）和继发性（获得性）疾病，多见于创伤、妊娠、产后、手术后引起的血小板增多，黏性增高；烧伤、大失血时引起的血液稠浓，血流缓慢，血小板增多；也见于血脂过高而拮抗纤维蛋白溶解酶的作用。

### （二）血栓类型

#### 1. 白色血栓

白色血栓又称血小板血栓或析出性血栓。血栓呈灰白色小结节或赘生物状，质实，与瓣膜或血管壁紧连，在血流较快的情况下形成。白色血栓主要见于心瓣膜（心瓣膜上的血栓称赘生物）、心腔内、动脉内，如急性风湿性或亚急性感染性心内膜炎和动脉内膜粥样硬化受损处。在静脉性血栓中，白色血栓形成延续性血栓的头部。

#### 2. 混合血栓

混合血栓又称层状血栓，呈粗糙、干燥的圆柱状，与血管壁黏着，有时可辨认出灰白与褐色层状交替结构，常发生于血流缓慢的静脉。

### 3.红色血栓

由纤维蛋白和红细胞构成,呈红色,与血凝块相似。主要见于静脉,随混合血栓逐渐增大最终阻塞管腔,局部血流停止血液发生凝固,构成静脉血栓的尾部。

### 4.透明血栓

血栓发生于全身微循环小血管内,只能在显微镜下见到,故又称微血栓;主要由纤维蛋白构成,故又称纤维素性血栓。最常见于弥散性血管内凝血(disseminated intravascular coagulation,DIC)。

### (三)血栓的结局和对机体的影响

#### 1.血栓的结局

(1)软化、溶解、吸收  血栓的软化和溶解是由于其中的纤维蛋白溶解酶系统被激活,使纤维蛋白变为可溶性多肽,同时血栓内的中性粒细胞崩解,释放的蛋白溶解酶也可使血栓中的蛋白性物质溶解。小的血栓可被溶解吸收。

(2)机化  血栓形成后1~2 d,从血管壁向血栓内长入内皮细胞和成纤维细胞,随机形成肉芽组织,逐渐溶解、吸收,取代血栓,称为血栓的机化。

(3)钙化  没有发生软化或机化的血栓,可因钙盐沉着而变成坚硬的钙化团块,形成结石。

#### 2.血栓对机体的影响

(1)有利方面  止血,如肺结核空洞或慢性胃溃疡时,血栓形成可防止出血;炎症病灶小血管内有血栓形成时,可防止细菌及其毒素的蔓延扩散。

(2)不利影响

①阻塞血管:血液循环障碍与血栓发生的部位、阻塞血管供血的范围、阻塞的程度、有无充足的侧支循环等有关。动脉血栓阻塞导致萎缩甚至梗死,如脑梗死或心肌梗死等。静脉血栓形成导致局部组织淤血、水肿、出血甚至坏死。

②栓塞:血栓未机化前脱落导致栓塞。栓子含有细菌导致败血性梗死或栓塞性脓肿等。

③心瓣膜变形:临床常见于慢性风湿性心内膜炎导致慢性心瓣膜病(瓣膜口狭窄或关闭不全)。

④微循环广泛性微血栓形成:DIC导致全身广泛性出血和休克。

### (四)栓塞

在循环血液中出现的不溶于血液的异常物质随血流至远处阻塞血管,这种现象称为栓塞。

1.栓塞的类型

(1)血栓性栓塞　由血栓脱落引起的栓塞称为血栓栓塞(thromboembolism),是栓塞中最常见的一种。由于血栓栓子的来源、大小和栓塞的部位不同,其对机体的影响也不相同。

(2)脂肪性栓塞　循环的血流中出现脂肪滴阻塞于小血管,称为脂肪栓塞(fat embolism)。栓子来源常见于长骨骨折、脂肪组织挫伤和脂肪肝挤压伤时,脂肪细胞破裂释出脂滴,由破裂的小静脉进入血液循环。

(3)气体性栓塞　大量空气迅速进入血液循环或原溶于血液内的气体迅速游离,形成气泡阻塞心血管,称为气体栓塞(air embolism)。

(4)羊水栓塞　分娩过程中,子宫强烈收缩,羊水压入破裂的子宫壁静脉窦内,并进入肺循环,造成羊水栓塞。多发生于分娩中,表现为分娩过程中或分娩后突然出现严重呼吸困难、发绀、休克、抽搐和昏迷,大多数以死亡告终。

(5)其他栓塞　肿瘤细胞转移过程中可引起癌栓栓塞,寄生虫虫卵、细菌或真菌团和其他异物(如子弹)偶可进入血液循环引起栓塞。

2.栓塞对机体的影响

体积巨大的血栓栓子可引起急性右心衰竭,同时引起肺动脉、冠状动脉和支气管动脉痉挛、猝死。中等大小的血栓栓子常引起肺出血。在有肺淤血时,中小血栓栓子常引起肺梗死。体循环的动脉栓塞中,栓子主要来源于左心房和左心室的附壁血栓及动脉粥样硬化处的血栓。如栓塞的动脉分支较大,侧支循环形成不足,常引起脏器的梗死。

(五)梗死

器官或局部组织由于血管阻塞、血流停止导致缺氧而发生的坏死,称为梗死。梗死一般是由动脉阻塞引起局部组织的缺血缺氧而坏死,但静脉阻塞使局部血流停滞导致缺氧也可引起梗死。

1.梗死的原因

(1)血栓形成　血栓形成是梗死发生最常见的原因。主要见于冠状动脉、脑动脉粥样硬化合并血栓形成时引起的心肌梗死和脑组织梗死,伴有血栓形成的脚背动脉闭塞性脉管炎可引起脚部梗死。静脉内血栓形成一般只引起淤血、水肿,但肠系膜静脉血栓形成可引起所属静脉引流肠段的梗死。

(2)动脉栓塞　多为血栓栓塞,也可为气体、羊水、脂肪栓塞,常引起脾、肾、肺和脑的梗死。

(3)血管受压闭塞　见于血管外肿瘤的压迫,肠扭转、肠套叠和嵌顿疝时肠系膜静脉和动脉受压,卵巢囊肿扭转及睾丸扭转致血管受压等引起的坏死。

(4)动脉痉挛　如冠状动脉粥样硬化时,血管发生持续性痉挛,可引起心肌梗死。

2．梗死的类型和病理变化

（1）贫血性梗死　发生于组织结构较致密、侧支循环不充分的实质器官,如脾、肾、心肌和脑组织。当梗死灶形成时,病灶边缘侧支血管内血液进入坏死组织较少,梗死灶呈灰白色,故称为贫血性梗死(又称白色梗死)。

（2）出血性梗死　常见于肺、肠等具有双重血液循环,组织结构疏松伴严重淤血的情况。因梗死灶内有大量的出血,故称为出血性梗死,又称红色梗死。

3．梗死的结局和影响

梗死对机体的影响决定于发生梗死的器官和梗死灶的大小和部位。肾有较大的代偿功能,肾梗死通常只引起腰痛和血尿,但不影响肾功能。四肢的梗死即坏疽,可引起毒血症,必要时须截肢。肺梗死有胸膜刺激征和咯血。心肌梗死可影响心功能,严重者可致心功能不全。脑梗死视不同定位而有不同症状,梗死灶大者可致死。

梗死灶形成时,病灶周围的血管扩张充血,并有白细胞和巨噬细胞渗出,继而形成肉芽组织。在梗死发生24～48 h后,肉芽组织已开始从梗死灶周围长入病灶内,小的病灶可被肉芽组织取代,日后变为瘢痕。大的梗死灶不能完全被机化时,则由肉芽组织和日后转变成的瘢痕组织包裹,病灶内部则可钙化。脑梗死则液化成囊腔,周围由增生的胶质瘢痕包裹。

## 六、思维导图

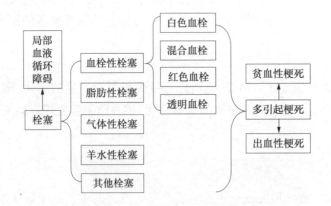

## 七、延伸学习

静脉血栓多见的原因为:一是静脉内有静脉瓣,静脉瓣膜囊内的血流不但缓慢,而且出现旋涡,因而静脉血检形成常以膜囊为起始点;二是静脉不像动脉那样随心搏动而舒张,其血流有时甚至可出现短暂的停滞;三是静脉壁较薄,容易受压;四是血流通过毛细血管到达静脉后,血液的黏性有所增加。这些因素都有利于血栓形成。心脏和动脉在某些病理情况下也会出现血流缓慢和涡流而形成血栓,常见于风湿性二尖瓣狭窄时的左心房内或动脉瘤内。

# 项目四　细胞与组织的适应与修复

## 任务一　适应与代偿

### 一、学习目标

1.重点掌握代偿、适应的基本概念和形式。

2.了解肥大、增生、化生的含义和意义。

### 二、病例导入

一犬10月初到某学院教学动物医院就诊,主诉9月在其他医院做了血液检查,发现红细胞极低,血红蛋白偏少,检查可视黏膜(牙龈、眼结膜)苍白,为严重贫血。经血涂片确诊为血液寄生虫病,但触诊发现腹腔内有高度肿胀物,X线片拍摄发现为肝脾肿大,肾有一定增大(图4.1)。该病理现象常出现在严重贫血晚期,这是为何?

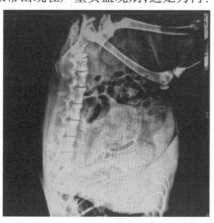

图4.1　犬侧位X线片(肝脾肿大)

## 三、PBL 设计

(1)在严重贫血的后期,为何会有肝脾肿大的现象出现?

(2)如果补充营养,贫血状态消除,肿大的肝脾也不能恢复原状了。(　　)

(3)代偿主要是组织细胞出现细胞_____和_____。

## 四、要点一览

| 萎缩定义 | 发育正常的细胞、组织、器官的体积缩小 |
| --- | --- |
| 病理性萎缩分类 | 营养不良性萎缩、压迫性萎缩、废用性萎缩、神经性萎缩和内分泌性萎缩 |
| 肥大 | 指细胞、组织、器官的体积增大。肥大的组织、器官功能常增强,具有一定的代偿意义 |
| 增生 | 指细胞分裂、增殖,细胞数目增多 |
| 化生 | 一种分化成熟的组织或细胞转化为另一种分化成熟的组织或细胞的过程。化生常发生于上皮组织或结缔组织 |
| 代偿 | 当组织破坏、功能代谢障碍时,机体通结构过相应器官改变代谢、加强功能、改变结构而进行补偿的过程 |
| 代谢性代偿 | 指在疾病过程中,主要以物质代谢为表现形式的一种代偿 |
| 功能性代偿 | 指通过病变器官各种功能活动的改变来消除或代偿其出现的功能障碍 |
| 结构性代偿 | 指在功能和代谢加强的基础上,组织的形态结构发生变化 |

## 五、相关知识

### (一)适应

适应是细胞和组织对体内、外环境变化所产生的积极有效的反应,指在多种轻度有害因素作用下,通过调整自身功能代谢和形态结构,以适应内环境变化的过程。适应性在生理下和病理条件下均存在,如动物奔跑时,氧气不足,心率、呼吸频率会加快。适应从形态上主要表现为肥大、增生、化生、萎缩等。

#### 1. 肥大

组织、器官的细胞体积增大而导致的组织器官增大现象,称为肥大。细胞体积增大主要源于内部细胞器合成增多,而不是产生了新的细胞或细胞内部液体增多。肥大是器官功能负担增加的适应性反应,如生理下子宫在妊娠时出现的逐步增大现象,病理下高血压会导致左心室肥大。

病理性肥大主要分为真性肥大和假性肥大 2 种。

（1）真性肥大　指组织、器官的实质细胞体积增大,同时伴随功能增强的一种变化,如高血压病中左心室的肥大现象。真性肥大通过神经体液调节,使组织器官充血,代谢和同化加强,显微镜下观察细胞明显增大,结构清晰,胞核增大,胞浆增多。真性肥大在一定程度上对机体是有利的,但是超过了限度,血氧供应不能满足肥大细胞的需求,则组织器官功能会逐渐减退,甚至衰竭。如单侧肾衰竭出现,另一侧肾出现代偿性增大,若不注意调养,另一侧肾在后期也会出现功能减退现象。

（2）假性肥大　指组织、器官的间质细胞增生而发生体积增大,而实质细胞受到间质细胞增生的压迫而逐渐萎缩的现象。因此,假性肥大的器官功能不会增加,反而降低。例如,为了生产出肥美的鹅肝,会限制鹅的运动,将细钢管直插胃部填喂高脂肪量的饲料（玉米等）,鹅整体体型发胖,肝脏肥大,可达 1.5 kg 以上,但颜色发黄,内部脂肪细胞大量增生。肝细胞受到压迫萎缩,称为脂肪肝。

**2. 增生**

组织器官之间的实质细胞数量增多而导致组织器官增大的现象,称为增生。细胞增生也是机体对负担增加的适应性反应。如生理下,动物在泌乳期,乳腺细胞会增生,乳房会显著增大。病理性增生主要由某些致病因子作用而引起,如动物缺碘时,甲状腺上皮细胞会增生。临床上,增生和肥大常伴随出现。增生主要是由刺激引起,当除去刺激,增生即停止。这与肿瘤细胞无限制生长不同,是两者的主要区别。

**3. 化生**

化生指已经分化成熟的组织在环境条件和功能需要改变的情况下,形态和功能发生转变,转化成另一种组织的过程。化生多发生在类型相近似的组织之间,常在上皮组织或结缔组织。如缺乏维生素 A 时,鸡食管腺单层柱状上皮化生为复层鳞状上皮;结缔组织化生为骨组织或黏液组织。

引起化生的因素较多,根据发生的过程,主要分为直接化生和间接化生。

（1）直接化生　指一种组织不经过细胞增殖而直接转变为另一种类型的组织。例如疏松结缔组织化生为骨组织时,胶原纤维细胞可直接转变为骨细胞,形成骨样组织,既而钙化成为骨组织。

（2）间接化生　一种组织通过增殖新生的幼稚细胞而转变为另一种类型的组织。例如,在慢性支气管炎时,支气管的假复层柱状纤毛上皮可脱落,经新生的细胞转变为复层鳞状上皮。

化生是组织适应环境的一种反应,化生后的组织能增强对刺激的抵抗力,并提高保护作用。由于失去了原有组织的某些功能,化生也有一定的不利。如在慢性支气管炎中,化生为复层鳞状上皮组织后失去了纤毛,故无清扫、分泌和自净的作用,化生后的组织有时甚至继发为肿瘤。

## （二）代偿

代偿是指当组织破坏、功能代谢障碍时，机体通结构过相应器官改变代谢、加强功能、改变结构而进行补偿的过程。其表现方式有代谢性代偿、功能性代偿和结构性代偿3种。

### 1.代谢性代偿

代谢性代偿是指在疾病过程中，主要以物质代谢为表现形式的一种代偿。如哺乳期，母畜营养不足，则会发生糖原异生，消耗体内贮存脂肪以供应乳汁中的营养及能量。

### 2.功能性代偿

功能性代偿是指通过病变器官各种功能活动的改变来消除或代偿其出现的功能障碍。如大出血期，机体血压降低，血量减少，颈动脉窦的压力刺激减少，刺激肾上腺素分泌增加，交感神经兴奋，使得心率加快，心收缩力加强，全身小血管收缩，每分钟心输出量增加，循环血量上升，血压升高。

### 3.结构性代偿

结构性代偿是指在功能和代谢加强的基础上，组织的形态结构发生变化，常表现为细胞增生和肥大，如单侧肾萎缩，另一侧肾的代偿性增大。

代偿的3种表现形式常同时发生或先后发生。代谢性代偿是功能性代偿和结构性代偿的基础，常发生在两者之前，继而导致功能性代偿出现，而长期的功能性代偿则会诱导组织器官结构的变化。

## 六、思维导图

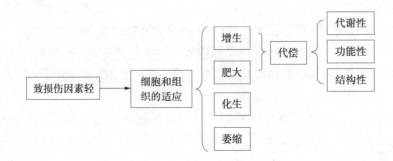

## 七、拓展学习

脾是重要的淋巴器官，有造血、滤血、储血、清除衰老血细胞及参与免疫反应等功能。正常情况下，脾只产生淋巴细胞和单核细胞；当机体出现严重贫血或大失血的状态，脾可以制造各种血细胞。因此当严重贫血时，脾作为造血器官，为了弥补机体内失去的血细胞，会功能代偿，继而结构代偿，脾脏出现肿大现象。过度的脾肿大会使脾脏极度脆弱，可能在略微强的外力(如摔倒、撞伤)下就出现破裂、脾内血窦大出血,导致机体缺血死亡。因此,临床上为防止动物大出血,只能采用脾脏摘除术,而不能使用切除术。

# 任务二 修 复

## 一、学习目标

1. 重点掌握修复的基本概念和形式。
2. 掌握肉芽组织的结构和功能。
3. 创伤愈合的过程。
4. 了解各种组织再生的能力和过程。

## 二、病例导入

一泰迪犬7月中旬到某学院教学动物医院就诊,主诉7月初在外与其他犬发生斗殴,导致背部大面积皮肤撕裂,当时没有进行外伤处理。十几天后,发现皮肤流脓,动物精神沉郁,不食。经检查皮肤撕裂处化脓,皮下大面积有脓汁,皮肤有坏死,伴随恶臭味。经清脓消炎、化腐生肌等外伤处理后,病情逐渐控制。10月中旬,主人带犬前来复查,皮肤处新生组织已经长出(图4.2),但是皮毛却不再生长。这是为何?

图4.2 泰迪犬撕裂伤愈合

## 三、PBL 设计

(1)该犬皮肤经过了4个多月,为什么皮毛仍然没有生长呢?
(2)该犬皮肤主要属于皮肤的第_____期愈合。
(3)促进创伤早日愈合的因素有_____、_____、_____、_____等。

## 四、要点一览

| | |
|---|---|
| 再生定义 | 组织器官损伤后,邻近的健康组织细胞分裂增殖修补的过程 |
| 再生分类 | 分为生理性再生和病理性再生 |
| 肉芽组织定义 | 由成纤维细胞、新生毛细血管及炎细胞构成的幼稚的结缔组织 |
| 肉芽组织功能 | 在组织修复中抗感染、保护创面;机化坏死组织、血凝块、血栓及其他异物;填补组织缺损和连接伤口等功能 |
| 愈合过程 | 伤口出血和止血、伤口收缩、肉芽增生及疤痕形成、表皮及其他组织再生 |
| 创伤愈合 | 分为一期愈合和二期愈合 |
| 骨折愈合过程 | 血肿机化期、原始骨痂期、骨痂改造期 |
| 影响修复的因素 | 全身因素,如年龄、营养、药物;局部因素,如感染与异物、血液供应、神经支配、电离辐射 |
| 机化 | 在疾病过程中出现的病理产物或异物(如血凝块、坏死组织、炎性渗出物、缝线等)被肉芽组织取代的过程 |
| 包囊形成 | 被肉芽组织包裹的过程 |

## 五、相关知识

修复是被损伤的组织重建过程,即机体对死亡的组织、细胞修补和病理产物的改造过程,表现形式为再生、创伤愈合、机化、钙化等。

### (一)再生

再生是组织器官损伤后,邻近的健康组织细胞分裂增殖修补的过程。生理情况下也存在再生。当机体细胞出现老化凋亡时,新生同种细胞不断补充,以维持组织细胞的结构和功能。根据再生后结构和功能的恢复情况,分为完全再生和不完全再生。再生的细胞,若组织结构和功能与原有细胞相同,称为完全再生;若不能完全由结构和功能相似的细胞修复,称为不完全再生。不完全再生的组织,部分由肉芽组织增生、填补,形成瘢痕,又称瘢痕修复。组织修复能力的高低取决于受损组织的再生能力及受损程度。

#### 1.上皮组织的再生

上皮组织的再生能力很强,常由邻近细胞直接或间接分裂增生。主要有以下2种。

(1)被覆上皮再生　被覆上皮再生能力强,当皮肤鳞状上皮受损时,损伤边缘的基底层细胞开始分裂增生,先形成单层上皮填补创面,后增生分化为复层鳞状上皮。但是皮肤的附属器官(汗腺、毛囊、皮脂腺)一般不能再生,只能由瘢痕修复。当胃肠等黏膜柱状上皮缺损时,邻近腺颈部上皮细胞增生,首先为立方形的幼稚细胞,后分化为柱状细胞。鼻、气管等处的纤毛上皮受损时,再生的细胞初期扁平而无纤毛,后期逐渐分化成柱状有纤毛的上皮细胞。

（2）腺上皮再生　腺上皮的再生能力一般比被覆上皮弱,若腺上皮的网状支架和间质完整时,损伤的腺上皮细胞才能完整再生修复;若网状支架和间质都出现损伤时,难以恢复原来的组织结构。

### 2.结缔组织再生

结缔组织的再生能力很强,并且能参与其他组织损伤的再生。结缔组织损伤时,受损处的成纤维细胞分裂增殖,当分裂停止后,胶原蛋白开始合成并分泌在幼稚成纤维细胞周围,随之转变为胶原纤维,细胞逐渐成熟,变成长梭形,成为纤维细胞。

### 3.血管再生

较大的血管损伤后不能再生,只能通过手术吻合,在吻合处通过结缔组织增生,形成瘢痕。而毛细血管能够再生,并且再生能力强。毛细血管再生是以原有血管出芽方式完成的。损伤处的毛细血管内皮细胞肿胀,向外分裂增殖形成突出幼芽,随后内皮细胞向前移动形成实心细胞条索,在血流的冲击下,逐渐出现管腔,彼此吻合,形成新的毛细血管或毛细血管网。

### 4.肌肉组织再生

肌肉组织的再生能力较弱,仅在轻度损伤时可以再生,损伤严重时则由结缔组织替代。骨骼肌的再生能力,根据肌纤维是否断裂或肌纤维保留是否完整而不同。若肌纤维未完全断裂或肌纤维膜完整,中性粒细胞和巨噬细胞进入损伤肌纤维处,吞噬清除坏死物质,残留的肌细胞核分裂增殖成肌细胞进而修复。若完全断裂,则断端处无法连接,两端肌细胞核分裂,肌浆增多,局部膨大,形成肌芽。肌芽逐渐延长。两端处有新生的结缔组织相连。因此,在外科手术中,肌肉的分离常顺着肌纤维进行钝性分离,预防切断肌纤维,有利于后期肌肉恢复。

平滑肌再生能力有限,损伤轻微时,由残存的平滑肌细胞再生修复;损伤严重时,由结缔组织增生修复。而心肌再生能力极弱,心肌细胞死亡后,由结缔组织形成瘢痕修复。

### 5.神经组织再生

神经细胞一般无再生能力。脑和脊髓的神经细胞坏死后,由神经胶质细胞增生修复,形成胶质瘢痕。但外周神经纤维断裂,如果与其相连的神经细胞存活,可完全再生。首先存活细胞的部分髓鞘及轴突崩解、吸收,然后由两端的神经膜细胞分裂增殖,将断端连接,近端轴突逐渐向远端延伸,最后达到末梢,同时鞘细胞产生髓磷脂将轴索包绕形成髓鞘。此过程常需数月或更长时间才能完成。若断端之间相距较远、有软组织隔开或因截肢失去远端等,则与增生的纤维组织混在一起卷曲成团,呈创伤性神经瘤,常发生顽固性疼痛。

**6. 血细胞再生**

血细胞的再生能力很强。当机体贫血时,机体造血器官血细胞再生能力增强,机体内红骨髓血细胞分裂增殖,大量新生血细胞进入血液。且部分黄骨髓(如四肢管状骨)转变为红骨髓,恢复造血功能。肝、脾和淋巴结髓外造血组织开始出现,也开始造血。

**7. 骨组织再生**

骨组织的再生能力很强,但也取决于损伤大小、断裂处固定情况和骨膜的完整性。骨组织损伤后,骨外膜和骨内膜内层细胞分裂出骨母细胞,先形成骨样组织,后逐渐分化为骨组织。因此骨折固定手术中,切忌不能拨除骨膜,否则骨组织无法再生。

软骨组织再生能力没有骨组织强,小损伤靠软骨细胞增殖修复,而严重损伤只能通过结缔组织修复。

**8. 腱再生**

腱能够再生,但再生过程非常缓慢,并且取决于两侧断裂腱的对合程度。必须精确地对合,且有一定张力,否则只能由结缔组织修补。

**(二)创伤愈合**

创伤愈合是指机体遭受外力作用,皮肤等组织出现断裂或缺损后,由损伤周围健康组织进行修复的过程。创伤的愈合过程非常复杂,包括各种组织的再生、肉芽组织增生和瘢痕形成的过程。

**1. 肉芽组织**

肉芽组织是由成纤维细胞、新生毛细血管及炎细胞构成的幼稚结缔组织。肉眼观察呈鲜红色,颗粒状,柔软湿润,形似鲜嫩肉芽,故称肉芽组织。肉芽组织内毛细血管丰富,触之易出血,成纤维细胞数量多,并伴随各种炎细胞,如巨噬细胞、中性粒细胞及淋巴细胞浸润。但没有神经长入,故触之不痛。在伤口愈合中,伤口的修复靠肉芽组织填充创面,因此是创伤愈合的物质基础,参与各种修复过程。

肉芽组织在组织损伤修复过程中的主要作用有抗感染及保护创面,填补创口及修复其他缺损,清除坏死物,机化或包裹坏死组织、血栓、炎性渗出物等。

**2. 愈合过程**

以皮肤和软组织创伤为例,创伤的愈合过程主要分为4个过程,如下所述。

(1)伤口出血和止血　伤口出现时,局部有不同程度组织坏死和小血管断裂出血,数小时后,炎症反应开始出现,伤口处充血,浆液及白细胞渗出,局部红肿。缺损处血液和渗出浆液中纤维蛋白原凝固结痂。

（2）伤口收缩　2～3天后,肉芽组织开始增生,伤口边缘新生的成肌纤维母细胞向中心牵拉,从而创面缩小。

（3）肉芽增生及疤痕形成　2～3天内,创伤底部或周围健康组织内的毛细血管再生,肉芽组织增生,进入创腔内,机化血凝块,填平创口。5～6天后,成纤维细胞开始产生胶原纤维,停止分裂,转化为扁平、细长的纤维细胞。同时,毛细血管也停止增殖,逐渐萎缩消失。肉芽组织转为瘢痕组织。

（4）表皮及其他组织再生　肉芽组织填平伤口后,基底细胞开始增生,在肉芽组织上形成单层上皮,表皮开始迅速生长,至闭合为止。

### 3. 愈合类型

创伤愈合的程度,根据损伤程度及有无感染可分为3种类型。

（1）一期愈合　创伤损伤小,创口平整,创缘接近,渗出物少,炎症反应轻,多见于手术创或创缘平整、无感染的创伤。一期愈合的时间短,常在2～3周可完全愈合,形成的疤痕小。

（2）二期愈合　创伤创口大,创缘不整、哆开,坏死组织及渗出物多,出血严重,常见于开口状或伴有感染的创伤,创口周围常有明显的炎症反应。只有控制感染,坏死组织清除后,组织才能再生。创伤愈合时间长,形成的疤痕大。

（3）痂皮下愈合　见于较浅表并有少量出血的皮肤创伤,如擦伤。创口表面的血液、渗出物及坏死物质干燥后形成痂块覆盖创面上,创伤在痂皮下愈合,待上皮再生完成后,痂皮自行脱落。

### 4. 影响愈合因素

（1）全身因素　主要考虑年龄、营养、药物的影响等。幼龄动物组织细胞再生能力强,新陈代谢旺盛,愈合快,而老龄动物则相反。当动物营养低,蛋白质,维生素C,微量元素锌、磷缺乏时,肉芽组织和胶原蛋白形成不良,愈合延缓;而在有创伤期,服用糖皮质激素药物,抑制炎症反应,使得伤口愈合迟缓。

（2）局部因素

①创伤污染程度　感染会严重影响再生修复。细菌的污染会使组织坏死,加重局部损伤,妨碍伤口愈合。在细菌污染的创伤中,只能先清创,并且除掉已经坏死的组织;已经化脓的创口不能缝合,实行开创处理,引流脓汁。只有感染被控制后,修复才能进行,并且二期愈合的伤口,可实现一期愈合。

②创伤血液循环情况　伤口血液循环良好可保证组织再生所需的氧气和营养物质,并且加速坏死组织的吸收。若伤口处包扎过紧、动脉硬化等导致血液循环不良,则伤口愈合迟缓。因此,在伤口愈合中,可选用物理疗法如热敷,外涂活血化瘀药物如云南白药、麝香等,改善局部血液循环,促进伤口愈合。

### （三）骨折愈合

骨组织的再生能力很强。单纯的外伤性骨折经过良好的复位、固定，几个月后就能恢复正常的结构和功能。骨折愈合就是"瘀去—新生—骨合"的过程，经历创腔净化和再生修复2个过程，其基础是骨膜的成骨细胞再生。主要包括下述几个阶段。

**1. 血肿机化期**

骨折后，断端处及周围软组织血管破裂出血，形成血肿，随后凝固。暂时黏合骨折2个断端，为后期肉芽组织的形成提供一个支架。同时断端处炎症反应出现，局部红肿。2～3天后，断端骨膜处的纤维细胞增生，毛细血管再生形成肉芽组织，血肿逐渐机化。

**2. 原始骨痂期**

2～3周后，断端肉芽组织逐渐纤维化形成纤维性骨痂。纤维性骨痂使骨折两端紧密连接，局部呈梭形膨大。这时候的骨痂为透明软骨。纤维性骨痂分化出骨母细胞，骨母细胞进一步分化为骨细胞和骨基质。形成类骨组织，其上钙盐沉积，骨性骨痂形成。

**3. 骨痂改造期**

骨痂改造往往需要数月至1年。此时动物已可轻微活动，为适应活动所受应力，骨性骨痂进一步改建为成熟的板层骨、皮质骨和骨髓腔的正常关系、骨小梁正常的排列结构也重新恢复。负重的骨小梁变得致密，而不负重的骨组织逐渐被吸收。

### （四）机化与包囊形成

在疾病过程中出现的病理产物或异物（如血凝块、坏死组织、炎性渗出物、缝线等）被肉芽组织取代的过程，称为机化。但脑组织坏死后，机化是由神经胶质细胞完成的。被肉芽组织包裹的过程，称为包囊形成。

机化与包囊形成可以限制或消除各种病理性产物或异物的致病作用。但机化形成的肉芽组织不会修复为正常组织，将形成永久性病理状态。如心肌梗死后机化形成瘢痕，伴有心脏功能障碍。浆膜面纤维素性渗出物机化可使浆膜增厚、不平，形成一层灰白、半透明绒毛状或斑块状结缔组织，甚至引发粘连。肺炎中，肺组织后期形成红褐色质地如肉的组织，为肺肉变，使肺组织呼吸功能丧失。而包囊到后期，体液内溶解状态的钙盐以固体状态沉着于病理产物或异物中，形成营养不良性钙化，简称钙化。病灶成灰白色、坚硬，触诊如砂粒，刀切时发出沙沙声。如猪肌旋毛虫寄生在肌肉组织时，最先形成包囊，包囊处产生炎症，血液渗出物增多，后期钙盐沉积，形成钙化点。

## 六、思维导图

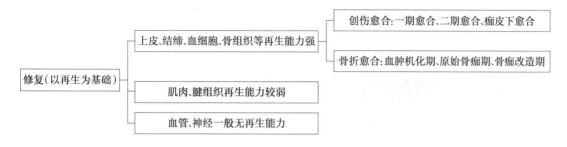

## 七、拓展学习

　　皮肤愈合能力很强，但仅限于创伤在表皮层，若大面积伤到真皮层或皮下组织，则需要实施皮肤修补术或植皮。皮肤下面的毛囊、汗腺及皮脂腺遭到破坏，则不能完全再生。动物真皮损伤过重，可能不再长出新毛。为了使得皮肤愈合完全，行一期愈合，临床上一定要防止伤口污染。首先对伤口进行清创处理，再补充营养，多给予维生素C、蛋白质、胶原蛋白含量多的食物，以及服用或局部使用活血化瘀、化腐生肌的药物，如云南白药、肝素、麝香等，或对伤口进行热敷，加速血液循环，促进伤口愈合。若动物饲养环境较差，为防止再次细菌感染（如蚊蝇附着伤口等），可对伤口进行包扎，但包扎不宜过紧，防止阻碍血液循环，并且要长期更换。

# 项目五　细胞与组织的损伤

## 一、学习目标

1. 能掌握萎缩、变性、坏死的概念、病理变化特点以及各种损伤发生的机理。
2. 能掌握各种损伤的常见原因、基本类型和结局。
3. 能识别观察萎缩、变性、坏死的大体病理变化。
4. 会观察并绘出萎缩、变性、坏死的组织学变化。
5. 能对临床上常见的坏死与梗死做出正确判断。

## 二、病例导入

　　小猪最先出现鼻炎症状,打喷嚏,呈连续或断续性发生,呼吸有鼾声(图5.1)。猪只表现不安定,用前肢搔抓鼻部,或鼻端拱地,或在猪圈墙壁、食槽边缘摩擦鼻部。在出现鼻炎症状的同时,病猪的眼结膜常发炎,从眼角不断流泪,由于泪水与尘土沾积,常在眼眶下部的皮肤上,出现一个半月形的泪痕湿润区,呈褐色或黑色斑痕。几周后,猪只鼻缩短,向上翘起,上下门齿错开,不能正常咬合。当一侧鼻腔病变较严重时,可造成鼻子歪向一侧,甚至成45°歪斜,小猪鼻子为什么会出现歪斜呢?

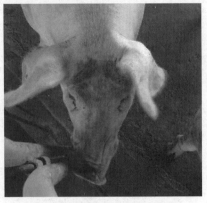

**图5.1　猪传染性萎缩性鼻炎**
(图片来自网络)

### 三、PBL 设计

（1）动物长期处于半饥饿状态时，机体各组织、器官是否会发生萎缩？各个组织器官萎缩的程度是否相同？为什么？

（2）试述细胞肿胀和脂肪变性的常见原因与发生机理？

（3）细胞坏死的标志及形态学变化是什么？

（4）坏疽分为哪几种类型，各有什么特点？

### 四、要点一览

| | |
|---|---|
| 萎缩定义 | 发育正常的细胞、组织、器官的体积缩小 |
| 病理性萎缩分类 | 营养不良性萎缩、压迫性萎缩、废用性萎缩、神经性萎缩和内分泌性萎缩 |
| 萎缩的病理变化 | 保持原器官固有形态，但体积成比例缩小，质量减轻，功能降低，被膜增厚、雏缩，室腔器官变薄。实质细胞体积缩小，胞浆致密，染色较深，胞核浓染 |
| 变性的定义 | 细胞或细胞间质出现一些异常物质或细胞正常物质数量过多 |
| 变性的分类 | 细胞肿胀、脂肪变性、玻璃样变性、淀粉样变性、纤维素样变性、黏液样变性 |
| 细胞肿胀病理变化 | 器官体积增大，色泽变淡，呈灰白色，失去原有光泽，如沸水烫过一样。细胞肿大，胞浆内出现微量微细颗粒，随着病变的发展，胞浆基质内水分增多，出现大小不一的水泡 |
| 槟榔肝 | 肝脏发生脂肪变性伴有慢性淤血时，切面呈槟榔样花纹 |
| 脂肪变性病理变化 | 体积肿大，表面光滑，质地松软脆弱，灰黄色，触之有油腻感。细胞浆内有数量不等、大小不匀的空泡（脂肪滴），细胞的固有结构逐渐消失，细胞核被挤于一侧 |
| 坏死的标志：核浓缩、核破裂、核溶解 | 核浓缩（染色质浓缩，染色加深，核体积缩小）；核破裂（核染色质碎片随核膜破裂而分散在胞浆中） |
| | 核溶解（核染色质变淡，进而仅见核的轮廓，最后完全消失） |

### 五、相关知识

细胞和组织的损伤，从广义上说，是指致病因素作用引起的细胞、组织物质代谢和技能活动的障碍以及形态结构的破坏，是疾病的基本组成成分之一。细胞和组织的损伤是物质代谢障碍在形态学上的反映，根据其损伤的程度以及形态特征的不同，可分为萎缩、变性和坏死3种形式。其中萎缩和变性大多数是一种较轻微的细胞组织损伤，属可复性变化；坏死则是细胞的死亡，属不可复性变化。

#### （一）萎缩

发育正常的器官、组织和细胞，由于物质代谢障碍而发生体积缩小和功能减退的过程，称为萎缩。器官、组织的萎缩是由于该组织、器官的实质细胞的体积缩小或数量减少所致，同时伴有功能降低。萎缩与发育不全和不发育有着本质的区别。

萎缩可分为生理性萎缩和病理性萎缩两类。

### 1. 生理性萎缩

在生理状态下,动物机体的某些组织器官,随着机体的生长发育到一定阶段时发生的萎缩现象,也称为退化。例如,家畜成年后胸腺的萎缩,老龄动物全身各器官不同程度的萎缩。

### 2. 病理性萎缩

在致病因素作用下引起的萎缩称为病理性萎缩。它与机体的年龄及生理代谢无直接关系。病理性萎缩又可分为全身性萎缩和局部性萎缩。

(1)全身性萎缩　是在全身物质代谢障碍的基础上发展起来的,全身各器官、组织具有不同程度的萎缩。全身性萎缩主要见于长期饲料摄入不足、某些慢性消化道疾病、严重的消耗性疾病(如结核、恶性肿瘤)、某些寄生虫病,均可引起营养物质的供应和吸收不足或体内营养物质特别是蛋白质过度消耗导致全身萎缩。

患病动物表现为衰竭、精神委顿、行动迟缓、进行性消瘦、严重贫血、被毛粗乱常伴有低蛋白血症、全身性水肿,全身性恶病质变化,恶病质性萎缩。

恶病质:畜禽因慢性饥饿、消耗性疾病而产生的一种进行性消瘦,衰竭状态。

(2)局部性萎缩　是由某些因素引起局部组织和器官萎缩,常见类型有下述 5 种。

①神经性萎缩:也称去神经性萎缩。外周神经、中枢神经受到损害(神经、脑、脊髓损伤),功能障碍,受其支配的肌肉萎缩。例如,鸡马立克氏病时,肿瘤侵害坐骨神经,可造成同侧的肌肉萎缩。

②废用性萎缩:也称不动性萎缩,指器官或组织长期不活动、功能减弱所致的萎缩,因为功能障碍引起。如患畜长期工作负荷减少、久卧不起的肌肉萎缩。

③压迫性萎缩:机械性压迫所致,是一种常见的局部萎缩。外力压迫对组织的直接作用;与受压且器官功能、代谢降低,血循障碍有关;与神经营养功能障碍有关。如猪传染性萎缩性鼻炎→鼻甲骨萎缩→呼吸困难。肿瘤、寄生虫压迫器官、组织→萎缩。

④激素性萎缩:即内分泌功能失调性萎缩,是由于内分泌功能低下而引起相应组织器官的萎缩。如去势动物→前列腺上皮细胞,得不到雄性激素刺激→萎缩。

⑤缺血性萎缩:或血管性萎缩。当小动脉不全堵塞→血液供应不足→相应部位组织萎缩。常见动脉硬化或其他导致动脉内狭窄的因素。

### 3. 萎缩的病理变化

(1)全身性萎缩　全身各组织器官发生萎缩,规律是:脂肪最早最显著(可减少量90% ~ 100%)→肌肉(减少而精5%)→肝、肾、脾、淋巴结等器官。脑、心、肾上腺、垂体、甲状腺不明显。

眼观变化:保持原器官固有形态,但体积成比例缩小,器官边缘锐薄、质地坚实,质量减轻,功能降低,被膜增厚、雏缩,室腔器官变薄。

剖检:全身脂肪组织消耗残尽,皮下、腹膜下、肠系膜、网膜脂肪完全消失。

心冠状沟、肾周围脂肪组织发生浆液性萎缩,变成灰白色或灰黄色的透明胶冻样物。

镜检:实质细胞体积缩小,胞浆致密,染色较深,胞核浓染。胞浆内细胞器大量退化,自噬小体增多,有大量未能被溶酶体降解、富含磷脂的残体(脂褐素)积聚,常见于心肌、肝细胞、神经节细胞。心肌肌浆中脂褐素沉着而呈褐色(褐色萎缩)。大脑脑回变窄,脑沟变深,皮质变薄,体积缩小,质量减轻,镜检特点神经细胞体积缩小、数量减少。

(2)局部性萎缩　与全身性萎缩时变化无差别。实质细胞体积缩小,数量减少,间质增多,以代替萎缩消失的实质细胞,使组织保持相应外形。

肝萎缩:硬度增加,呈棕褐色,肝窦扩大,肝细胞变小,肝索变细,肝细胞内充满棕褐色颗粒。

肾萎缩:肾小管上皮细胞变薄,管腔扩张。

脾萎缩:红髓(脾窦、脾索)中细胞大大减少,淋巴滤泡消失。

心肌萎缩:心肌纤维变细,细胞核短杆状,浓染密集。

骨骼肌萎缩:肌纤维变细,数量减少,空隙中为脂肪组织填充。

4.结局

萎缩是可逆的,是一种可复性过程,其本质是细胞在某种环境条件下的适应现象。萎缩的细胞体积缩小或减少,功能减退对生命活动是不利的,尤其是全身性萎缩。

局部性萎缩的影响,取决于萎缩器官部位和程度。轻度萎缩细胞有可能除去病因后恢复常态,持续性萎缩细胞死亡。

### (二)变性

变性是细胞和组织新陈代谢障碍引起细胞的形态学变化,表现为细胞或细胞间质出现一些异常物质或细胞正常物质数量过多的病理现象。这是一种常见的可复性病理变化,细胞或组织仍保持生活能力,但机能降低,严重变性细胞可发展为坏死。

根据细胞内或间质内出现异常物质的不同,可将变性分为细胞肿胀、脂肪变性、玻璃样变性、淀粉样变性、纤维素样变性、黏液样变性。

#### 1.细胞肿胀

细胞肿胀是指细胞内水分增多,胞体增大,胞浆内出现微细颗粒或大小不等的水疱。多见于肝细胞、肾小管上皮细胞和心肌细胞。

(1)原因和发生机理

缺氧、感染、发热以及中毒等原因都可能引起细胞肿胀。细胞肿胀主要是由于致病因子破坏了细胞线粒体内的生物氧化酶系统,使三羧酸循环不能顺利进行,ATP产生减少,细胞能量供应不足,酸性代谢产物增多导致细胞膜损伤,钠泵功能障碍,细胞内渗透压升高,水分过多地进入细胞内,引起细胞肿胀。

(2)病理变化

眼观:器官体积增大,被膜紧张,质地脆软,切面外翻,色泽变淡,呈灰白色,失去原有光泽,如沸水烫过一样。

镜检:早期在光镜下可见细胞肿大,胞浆内出现微量微细颗粒,苏木素-伊红(HE)染色呈红色,胞核一般无变化,或稍显淡染。具有这种病变特征的早期细胞肿胀又称为颗粒变性。随着病变的发展,变性细胞的体积进一步增大,胞浆基质内水分增多,变得淡染、稍显透明,微细颗粒逐渐消失,并出现大小不一的水泡;胞核也肿大,淡染。稍后小水泡可相互融合成大水泡。胞浆内出现水泡为特征的细胞肿胀称为水泡变性。

**2. 脂肪变性**

在变性的细胞浆内,出现大小不等的游离脂肪小滴,称脂肪变性,简称脂变。

（1）原因和发生机理

常见于各种传染病、长期贫血、营养不良、缺氧、中毒等:多发生于心、肝、肾等实质器官,其机理不十分清楚,关于细胞中脂滴的来源,一般认为有以下几种可能。

①急性传染病、中毒、缺氧、营养不良等:使细胞代谢障碍,酸性中间代谢产物蓄积,引起线粒体崩解,使线粒体中与蛋白质结合的脂肪分解而游离成脂肪滴(称脂肪显现)。

②持久饥饿、糖原耗尽或糖利用障碍(糖尿病):机体动用贮存的脂肪来供能。大量脂肪进入肝脏,由于线粒体本身氧化功能降低,ATP 生成不足,故利用脂肪能力下降,脂肪沉积在肝细胞内,导致脂变。

③脂蛋白合成障碍:血浆中游离的脂肪酸输送到肝脏后,大部分与磷酸甘油酯化为甘油三酯(中性脂肪),随后甘油三酯与蛋白质、磷酸、胆固醇、胆醇脂等在内质网中合成脂蛋白,再送到肝外。上述任何环节障碍,都会造成脂肪在肝细胞中沉积。如缺乏合成磷脂的必需物质等。

④营养物质缺乏:如蛋白质、辅酶 A、维生素 $B_{12}$、叶酸等,使蛋白质合成和脂肪酸氧化障碍而发生脂变。大多数实验证明,脂变机制,都因在内质网中的中性脂肪转变成脂蛋白质发生障碍所致。

（2）病理变化

眼观:轻度或病初不明显,仅见器官色稍黄。严重时,体积肿大,边缘钝圆,被膜紧张,表面光滑,质地松软脆弱,灰黄色,切面凸起,结构模糊,触之有油腻感。肝脏发生脂肪变性伴有慢性淤血时,切面呈槟榔样花纹,称槟榔肝。

镜检:细胞浆内有数量不等、大小不匀的空泡(脂肪滴),有的相互融合,细胞的固有结构(线粒体、肌原纤维、横纹等)逐渐消失,细胞核被挤于一侧,严重的可见核浓缩、破碎、消失等。

**3. 玻璃样变性**

玻璃样变性指细胞质、血管壁和结缔组织内出现一种同质、无结构的蛋白质样物质。可被伊红或酸性复红染成鲜红色,又称透明变性。玻璃样变性包括多种性质不同的病变,它们只是在形态上都出现相似的均质、玻璃样物质,而其病因、发生机理和玻璃样物质的化学性质都是不同的。常见的透明变性分为 3 种类型。

（1）血管壁透明变性  光镜下多见小动脉内皮细胞下出现红染、均质、无结构的物质,严重时波及中膜。血管管壁增厚,管腔变窄甚至闭塞。

家畜血管透明变性多见于慢性肾炎时肾小动脉硬化。动脉透明变性多因小动脉持续痉挛使内膜通透性升高,血浆蛋白经内皮渗入内皮细胞下并凝固而呈玻璃样。

(2)结缔组织透明变性 常见于疤痕组织、纤维化肾小球、硬性纤维瘤等。眼观结缔组织呈灰白色,半透明,质地致密变硬,失去弹性。光镜下,纤维细胞明显减少,胶原纤维膨胀,相互融合成片状或带状均质、玻璃样物质。

(3)细胞内透明变性 又称细胞内透明滴状变。光镜下细胞内出现均质、红染的玻璃样圆滴。多见于肾小球肾炎时,肾小球毛细血管通透性升高,血浆蛋白大量滤出,曲细尿管上皮细胞吞饮了这些蛋白质并在胞浆内形成玻璃样圆滴。也可见于慢性炎症灶中的浆细胞,光镜下浆细胞内有椭圆形、红染、均质的玻璃样小体,称 Russell 小体(复红小体),核多被挤向一侧。

### 4. 淀粉样变性

淀粉样变性是指组织内出现淀粉样物质沉着,常见于一些器官的网状纤维、小血管壁和细胞之间。该物质可被碘染成赤褐色,再加 1% 硫酸呈蓝色,与淀粉遇碘时的反应相似,故称淀粉样物质。其病因病理尚未完全清楚,多见于肝、脾、肾等部位。

肝:眼观体积肿大,棕黄色,质脆易碎,常有出血斑点,易发生肝破裂。镜检:肝细胞索和窦状隙之间有粗细不等的粉红色均质条索,肝细胞萎缩,窦状隙受挤压而变小。

脾:呈局灶性或弥漫性,中央动脉壁、脾髓细胞之间及网状纤维上有大量淀粉样物质,呈不规则形、条索、团块状。

肾:主要沉积在肾小球毛细血管基底膜内外两侧,毛细血管变窄,局部细胞萎缩或消失,严重时小球被完全取代。

### 5. 纤维素样变性

纤维素样变性是间质胶原纤维和小血管壁的一种变性,其病变特点是病变部分的组织结构逐渐消失,变成一堆颗粒状或块状无结构的物质,呈强嗜酸性红染,类似纤维素。故称为纤维素样变性,其实是组织坏死的一种表现,又称为纤维样坏死。

### (三)坏死

活体内局部组织或细胞的病理性死亡称为坏死。多数坏死是渐进发生的,这种坏死过程称渐进性坏死。坏死是局部组织、细胞新陈代谢严重障碍的表现,原组织、细胞功能完全丧失,是一种不可逆的变化。

### 1. 病因

坏死的因素多种多样,任何致病因素,只要它的作用达到一定强度和时间,能使细胞组织物质代谢停止,都能引起坏死,常见病因有以下 5 类。

(1)缺氧 局部缺氧多见于缺血,使细胞的有氧呼吸、氧化磷酸化和 ATP 合成发生严重障碍,导致细胞死亡。

(2)生物性因素 病原微生物、寄生虫及其毒性产物,能直接破坏细胞内系统和造成血液循环障碍,间接地引起组织、细胞的坏死。

(3)化学性因素　强酸、强碱及重金属如砷、铅等,都可引起蛋白质变性,造成细胞和组织的死亡。

(4)物理性因素　温度、电流、光能、辐射、声音等。

(5)机械性因素　外源性(打击、钝器、冲击波等)、内源性(肿瘤、脓肿、结石、寄生虫等)。

### 2.病理变化

组织、细胞刚死亡时,其形态结构和死亡前相似。活体内细胞死亡后经过一段时间(数小时至 10 h 以上),由于自溶才产生光镜下能见到的一系列形态变化。

(1)细胞核的变化　细胞核的变化是细胞死亡的主要形态学标志,在电镜下可见核浓缩(染色质浓缩,染色加深,核体积缩小)、核破裂(核染色质碎片随核膜破裂而分散在胞浆中)、核溶解(核染色质变淡,进而仅见核的轮廓,最后完全消失)。

(2)细胞浆的变化　细胞死亡后,首先是胞浆发生变化。由于胞浆内嗜碱性物质核蛋白体减少或丧失,胞浆对伊红的亲和力高,染色加深。胞浆内微细结构破坏崩解,使胞浆呈颗粒状。有时实质细胞坏死后,整个细胞迅速溶解,吸收而消失,局部可见嗜酸性小体形成。

(3)间质的变化　结缔组织因 pH 值下降,吸水肿胀、融合,纤维结构消失,变成无结构物。最后坏死细胞与间质合在一起,形成一片颗粒状或均质无结构的红染物质。

### 3.坏死的类型和特点

由于引起坏死的原因、条件以及坏死组织本身的性质、结构和坏死过程中经历的具体变化不同,坏死组织的形态变化也不相同,大致可分为以下 3 种类型。

(1)凝固性坏死　在蛋白凝固酶的作用下,以坏死组织发生凝固为特征,局部缺血引起的肾脏贫血性梗死是典型的凝固性坏死。眼观坏死组织为灰白色、较干燥、坚实的凝固体,坏死区周围有一暗红色的充血、出血带与健康组织分界。光镜下可见,坏死细胞的胞核溶解消失或残留部分核碎片,胞浆为红色的凝固物质;组织结构的轮廓仍保留,如肾脏凝固性坏死灶内肾小球和肾小管的轮廓尚可辨认。但经过一段时间后,坏死组织可发生崩解,形成无结构的颗粒状物质。凝固性坏死还可分为干酪样坏死和蜡样坏死。

①干酪样坏死:见于结核杆菌引起的坏死,凝固性坏死灶中含有较多脂肪,形成松软易碎、灰白、灰黄色如干酪样或豆腐渣样物,多见于结核结节,此种易钙化。

②蜡样坏死:发生于肌肉的坏死,灰黄、白色,干燥、坚实,如同石蜡样。镜下见肌纤维断裂膨胀,横纹消失,胞浆呈无结构玻璃样。多见于白肌病、牛气肿疽、霉稻草中毒、犊牛口蹄疫的心肌和骨骼肌等。

(2)液化性坏死　坏死组织因受蛋白分解酶的作用而迅速分解液化。如化脓性炎症,因含大量噬中性白细胞,它们崩解后释放大量蛋白分解酶,使组织形成液状。胃肠道、胰腺富于蛋白分解酶,也会发生液化性坏死。脑因含水、磷脂(可抑制凝固酶),也会发生液化性坏死,呈乳糜状,常称为脑软化。如马镰刀菌毒素中毒和鸡维生素 E 及硒缺乏症均可引起脑液化性坏死。

（3）坏疽　坏疽是组织坏死后受到外界环境影响和不同程度的腐败菌感染所引起的一种病理性变化。坏疽眼观呈黑褐色或黑色，这是由于腐败菌分解坏死组织产生硫化氢与血红蛋白中分解出来的铁结合，形成黑色的硫化铁的结果。坏疽可分为3种类型。

①干性坏疽：多发生于四肢、耳壳、尾尖等体表。因暴露在空气中，水分蒸发而干涸皱缩，呈棕黑色或黑色，与健康组织界限清楚，有一明显的炎性反应带，最后可脱落（如猪丹毒疹块、冻伤形成的坏死等）。

②湿性坏疽：多发生于与外界相通的内脏（如肺、肠、子宫）。坏死组织水分含量多，腐败菌繁殖分解、液化，坏疽部分呈污灰色、绿色、黑色，无明显界限，坏死区腐败产物多有恶臭，易引起自体中毒，多见于牛马肠变位、马坏疽性肺炎、牛产后坏疽性子宫炎。

③气性坏疽：是湿性坏疽的一种特殊形式。主要见于深部创伤（阉割、战伤）感染了厌气菌，产生大量气体（$H_2$、$CO_2$、$N_2$、$H_2S$）形成气泡，使组织呈蜂窝状，污秽棕黑色，手压有捻发音（如牛气肿疽）。气性坏疽发展迅速，其毒性产物吸收后可引起全身中毒。

## 六、思维导图

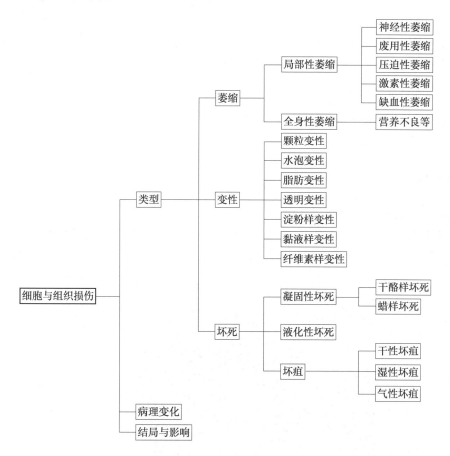

# 项目六  水盐代谢障碍及酸碱平衡紊乱

## 任务一  水　肿

### 一、学习目标

1. 掌握水肿的概念及原因。
2. 了解水肿发生的基本机制、类型、对机体的影响。
3. 掌握水肿的病理变化。

### 二、病例导入

　　某羊场,进入 11 月后,发现羊群中绝大多数羊出现消瘦,严重者甚至死亡。经对病死羊剖检,发现肝脏内部有大量肝片吸虫寄生。到羊场实地考察,发现羊群有异常现象,羊只身体消瘦,但是头部、下颌及四肢末端却肥胖肿大,如图 6.1 所示。为何会出现这种现象?

图 6.1　患有肝片吸虫羊(下颌肿大)

## 三、PBL 设计

（1）请分析肾源性水肿、心源性水肿、营养不良性水肿出现的原因。

（2）图 6.1 中属于水肿类型的_____水肿。

（3）维持血液循环主要动力的压力有_____、_____、_____和_____。

## 四、要点一览

| | |
|---|---|
| 水肿 | 过多的水液在组织间隙或体腔中蓄积（等渗性液体在细胞间隙积聚过多） |
| 积水 | 过多的组织间液进入体腔内则为积水，是水肿的特殊形式 |
| 血管内外液体交换失衡 | 1. 毛细血管血压升高，主要见于淤血；<br>2. 血浆胶体渗透压降低，因血浆白蛋白减少引起；<br>3. 组织液胶体渗透压升高，主要因小血管壁的通透性升高引起；<br>4. 淋巴回流受阻，因局部淋巴管的阻塞或右心衰引起 |
| 体内外液体交换失衡 | 1. 肾小球滤过率下降，因肾血流量减少或肾本身疾病所致；<br>2. 肾小管对钠水重吸收增强，与肾血流重新分布、滤过分数增大、利钠激素减少、醛固酮和抗利尿激素增多有关 |
| 心性水肿 | 指由右心衰引起的全身性水肿，身体下垂部位水肿明显 |
| 肝性水肿 | 主要表现为腹水 |
| 肾性水肿 | 分为肾病性水肿和肾炎性水肿 |
| 肺水肿 | 因左心衰或肺部疾病引起的肺间质和肺泡水肿 |
| 脑水肿 | 分为血管源性脑水肿、细胞中毒性脑水肿和间质性脑水肿 |

## 五、相关知识

水肿是指过多的水液在组织间隙或体腔中蓄积（等渗性液体在细胞间隙积聚过多）。动物体重的 60%～70% 都是由体液构成的，其中 2/3（40%）为细胞内液，1/3（20%）为细胞外液。细胞外液主要由血浆（5%）和组织间液（15%）构成，当过多的组织间液进入组织间隙内就为水肿，进入体腔内则为积水。积水是水肿的特殊形式，如胸腔积水、心包积水、腹腔积水等。

### （一）水肿类型

水肿的分类方法有很多，常见的有以下 4 种。

#### 1. 按发生范围分类

根据水肿发生的范围不同，可分为全身性水肿和局部性水肿。全身性水肿是指液体在组织间隙弥散分布,如心源性水肿。局部性水肿是指液体积聚在局部组织间隙,如血栓。

**2. 按发生部位分类**

根据水肿发生的部位不同,可分为脑水肿、肺水肿、胸腔积水和腹腔积水等。

**3. 按临床表现分类**

根据水肿发生的临床表现不同,可分为隐性水肿和显性水肿。隐性水肿外观不明显,只表现为体重增加。显性水肿外观出现明显肿胀,皮肤紧张,压之留痕。

**4. 按发生原因分类**

根据水肿发生的原因不同,可分为心性水肿、肝性水肿、肾性水肿、营养不良性水肿、炎性水肿等。

**(二)发生机制**

生理状态下,血液的液体成分在毛细血管动脉端,通过血管壁进入组织间隙,而在静脉端又从组织间隙和淋巴管回流入血液。通过这种循环,组织液和血液中的液体成分不断地进行交换,能使血液中的营养进入组织中。机体维持这种动态平衡主要依靠的力为血管壁内外的流体静压(血压和组织液压),血浆胶体渗透压和组织渗透压。其中血管内压和组织渗透压是促使液体从血管向组织间隙流入的力,而组织液压和血浆胶体渗透压是使液体从组织流回血管的力。当然,仍有一部分组织液必须通过组织间的淋巴管回收,从而维持动态平衡。除此之外,肾脏排泄水钠不足时也会导致机体水肿。

病理状态下,这种动态平衡被打破,大量液体流入组织中,并且无法回流,则发生水肿。主要原因有以下 6 个方面。

**1. 血管通透性升高**

机体状态正常时,毛细血管只能使水分、葡萄糖、电解质等小分子物质通过。而炎症介质、细菌毒素、代谢产物等刺激血管壁,使其受到损伤,导致通透性增加,大量的物质包括血浆蛋白质等大分子可从血管壁滤出,组织液生成增多,导致水肿。

**2. 血管内压升高**

当心力衰竭、血栓局部压迫使血液回流受阻或炎症引起动脉充血使微血管扩张等原因,都能导致毛细血管流体静脉内压升高,动脉端有效滤过压增大,促使血浆的液体部分过多滤出,并且组织液回流速度减少,导致水肿发生。

**3. 血浆胶体渗透压降低**

血浆胶体渗透压是组织液回流入血管的主要动力。维持血浆胶体渗透压的主要是血浆中的白蛋白。当动物处于饥饿、营养不良、肝功能不全时,白蛋白合成减少,寄生虫病、慢性传染病等会消耗大量白蛋白,慢性腹泻、肾功能不全等导致大量白蛋白流失,或大量$Na^+$、$H_2O$潴留在血管内,使血浆胶体渗透压下降,组织液回流入血管的力不足,大量水分积聚在组织内,引起水肿。

### 4.组织渗透压升高

当组织渗透压升高时,将增加阻止组织间液回流入血的压力,使得大量水分潴留在组织中,导致水肿。多见于局部炎症时,细胞变性坏死,大量$K^+$存于组织间隙,使得组织晶体渗透压升高。

### 5.淋巴回流受阻

组织液中约有1/10经毛细淋巴管回流入血,当寄生虫、肿瘤压迫淋巴管,心衰时严重淤血使得静脉压升高,或淋巴回流受阻,都会使得大量组织液潴留在组织间隙,发生水肿。

### 6.水钠排泄障碍

当肾功能不全时,如肾小球滤过率降低,肾小管对水钠重吸收增加,使得大量水和钠离子无法排出体外,大量水钠潴留在血浆中,使得全身循环水分增加,组织间隙蓄积水量增多,发生水肿。

### (三)常见水肿病理机制

#### 1.心性水肿

心性水肿是指由于心功能不全而引起的全身性或局部性水肿。其形成主要有两方面原因。

(1)水钠潴留　心功能不全时,心脏泵血能力减弱,输出量减少,肾脏血流量减少,肾小球滤过率降低,肾小管对水钠重吸收增多,从而引起水钠潴留。

(2)毛细血管流体静压升高　心输出量降低导致静脉血液回流受阻,全身毛细血管流体静压升高。如左心衰竭时,与左心房相接的肺静脉回流受阻,引起肺部静脉血液瘀滞,发生肺水肿,出现呼吸困难、端坐呼吸等症状,而右心衰竭时,前后腔静脉回流受阻,引起全身水肿,尤其机体低垂部分,在重力作用下水肿更明显,如阴囊、四肢等处。

除此之外,右心衰竭时可引起胃肠道、肝、脾等腹腔脏器发生淤血和水肿,造成营养吸收障碍,血浆内白蛋白减少,血浆胶体渗透压降低,从而引发水肿;静脉回流障碍引起静脉压升高,阻碍淋巴回流,加速水肿形成。

#### 2.肝性水肿

肝性水肿是肝功能不全时引起的全身性水肿。主要表现为腹水明显,水肿从下往上发展,头面部、上肢无水肿。其发生机制主要与下列因素有关。

(1)肝门静脉回流受阻　肝硬化时,结缔组织增生压迫阻塞肝内血管,使肝静脉回流受阻,肝窦内压力增高,过多液体滤出。当超过淋巴回流的能力时,由肝表面漏出形成腹水。此外门静脉压力也增高,肠系膜毛细血管流体静压随之升高,肠壁水肿,液体漏出形成腹水。

(2)水钠潴留　肝功能不全时,对醛固酮和抗利尿激素的灭活减少,导致肾小管对水、钠吸收增加。而腹水形成后,大量营养物质进入腹腔,使血容量减少,进一步刺激抗利尿激素和醛固酮的分泌,加剧肝性水肿。

(3)血浆胶体渗透压降低　肝硬化时,肝脏对蛋白质吸收、合成减少,导致低蛋白血症,血浆胶体渗透压降低,引起水肿。

### 3.肾性水肿

肾性水肿是指肾功能不全引起的水肿,肾性水肿以早间最为明显,能发现机体疏松部位(如眼睑、下颌等)出现凹陷性水肿。主要因素有以下两个方面。

(1)水钠潴留　肾小球肾炎时,由于血管内皮肿胀,导致肾血流量减少,肾小球滤过率降低,而血流量减少刺激醛固酮和抗利尿激素分泌增加,肾小管重吸收增加,故无尿和少尿,水钠潴留于体内。

(2)血浆胶体渗透压降低　肾病综合征时,肾小球基底膜通透性增高,大量蛋白质滤过,形成蛋白尿排出体外,血浆胶体渗透压下降,从而使血液中过多水分向组织间隙转移,导致血容量减少,刺激醛固酮和抗利尿激素分泌增加,引起水钠潴留。

### 4.营养不良性水肿

营养不良性水肿又称恶病质水肿。在慢性消耗疾病(如寄生虫病、慢性传染病、蛋白丢失性胃肠病等)和动物营养不良(如长期缺乏蛋白质饲料等)中,机体缺乏蛋白质造成低蛋白血症、血浆胶体渗透压降低而导致水肿发生。

### 5.肺水肿

肺水肿是指在肺泡腔或肺泡间隔内蓄积大量液体。其形成原理主要有以下因素。

(1)肺泡壁毛细血管通透性增加　当生物性(细菌、病毒感染等)或化学性因素(毒气、硝酸银等)损伤肺泡壁毛细血管内皮细胞及肺泡上皮,使得通透性升高,导致血液成分渗入肺泡间隔和肺泡内。

(2)肺毛细血管流体静压升高　当左心功能不全或二尖瓣狭窄时,可引起肺静脉血液回流受阻,肺毛细血管流体静压升高,血液水分渗到肺泡间隔和肺泡内,形成肺水肿。

### 6.脑水肿

脑水肿是指脑组织液含量增多而引起脑容量扩大。脑水肿时可见软脑膜充血,脑回变宽而扁平,脑沟变浅。脉络丛血管淤血,脑脊液增多,脑室扩张。主要引发因素有以下3个方面。

(1)毛细血管通透性升高　脑炎、外伤、栓塞、出血等使毛细血管损伤,导致通透性升高,引起水肿发生。

(2)脑细胞膜功能障碍　在缺氧、休克、尿毒症等情况下,使得脑细胞 $Na^+/K^+$-ATP 酶活性降低,无法泵出脑细胞内 $Na^+$,导致水分滞留于脑细胞内,引发水肿。

(3)脑脊液循环障碍　脑炎、肿瘤等,大量炎性渗出物渗出堵塞大脑导水管,脑脊液重吸收障碍,引起脑室积水和脑室周围组织水肿。

### (四)常见水肿病理变化

一般情况下,水肿的组织器官体积增大,颜色变浅,质量增加,被膜紧张,切面可见液体流出,切口常外翻。但不同组织器官的具体形态学变化又有所不同。

#### 1.皮肤水肿

皮肤水肿可见局部皮肤肿胀,皮肤呈苍白色,弹性下降,触之如生面团样触感,指压留痕,称为凹陷性水肿。切开皮肤有浅黄色液体流出,皮下组织呈淡黄色胶冻状。

镜检可见皮下组织细胞间隙加宽,间质中胶原纤维肿胀甚至崩解。结缔组织细胞、肌纤维、腺上皮细胞肿大,胞浆内出现水泡,甚至发生核消失。腺上皮细胞往往与基底膜分离。淋巴管扩张,HE 染色后,水肿液因蛋白质含量的多少而呈深红色、淡红色或不着染(见于组织疏松或出现空隙)。

#### 2.黏膜水肿

黏膜水肿可见黏膜肿胀,呈半透明状胶样外观,局部可见水疱,触之有波动感。

#### 3.肺水肿

肺水肿眼观肺脏体积增大,质量增加,质地变实,置于水面沉于水底。肺胸膜表面质地光滑,紧张有光泽。各肺叶边缘变钝圆,表面因高度淤血而呈暗红色,肺间质增宽,肺小叶轮廓呈白色。切面切口外翻,从支气管和细支气管内流出大量白色泡沫状液体。

非炎症水肿时,镜检可观察肺泡壁毛细血管高度扩张充满红细胞,肺泡内充满均质淡红液体,其中混有少量脱落肺泡上皮细胞。肺间质因水肿液蓄积而增宽,结缔组织疏松呈网状,淋巴管扩张。炎性水肿与非炎性水肿相同,但蛋白质含量增多,肺泡内为粉红色浆液,并集聚大量巨噬细胞。

#### 4.脑水肿

脑水肿时肉眼可见软脑膜充血,脑回变宽而扁平,脑沟变浅。脉络丛血管淤血,脑室扩张,脑脊液增多,颜色变淡黄。

镜检下可见软脑膜和脑实质内毛细血管充血,血管周围积聚大量水肿液,从而淋巴间隙扩张。神经细胞肿胀,体积变大,胞浆内出现大小不等的水泡。核偏位,严重时可见核浓缩甚至消失。神经细胞内尼氏小体数量明显减少,细胞周围因水肿液积聚而出现空隙。

### 5. 实质器官水肿

心、肝、肾等实质器官水肿时,一般呈中度肿大或不明显,切口外翻,色泽苍白。镜检能发现间隙增宽。肝脏水肿时,肝小叶的窦状隙极度扩张,充满均质粉红染浆液,肝细胞受压迫而极度萎缩。心脏水肿时,心肌纤维之间出现水肿液,使得心肌纤维分离,压迫变性。肾脏水肿时,肾小管之间聚积水肿液,使间隙扩大。

### (五)水肿对机体影响

水肿最初发生是机体的一种代偿反应。通过将液体储存在组织间隙,能够贮备水液,降低静脉压,减轻心、肾血液循环的负担。其次还可稀释有害物质,炎性水肿的蛋白质可吸附有害物质,阻碍其吸入血液。此外,水肿液输送抗体、营养物质到炎症部位,提高局部抵抗力。

长期水肿使得组织细胞与毛细血管间距离增大,毛细血管受压,实质细胞缺氧,营养物质发生变性,结缔组织增生而硬化,细胞代谢障碍。除此之外,水肿也引起严重的器官功能障碍,如鼻腔黏膜水肿可导致呼吸困难,脑水肿使颅内压升高,可致神经系统功能障碍,急性喉黏膜水肿可引起窒息等。

## 六、思维导图

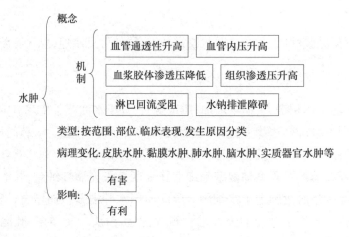

## 七、延伸学习

脾是重要的淋巴器官,有造血、滤血、储血,清除衰老血细胞及参与免疫反应等功能。在正常情况下,脾只产生淋巴细胞和单核细胞,而机体若出现严重贫血或大失血的状态,脾可以制造各种血细胞。因此当严重贫血时,脾作为造血器官,为了弥补机体内失去的血细胞,会功能代偿,继而结构代偿,脾脏出现肿大现象。但过度的脾肿大会使得脾脏极度脆弱,可能在略微强的外力下(如摔倒,撞伤等)就出现破裂,脾内血窦大出血,导致机体缺血死亡。因此在临床上,脾脏的疾病(如肿瘤等)会建议进行脾脏摘除术,不能进行切除术,防止大出血的现象出现。

# 任务二 脱 水

## 一、学习目标

1. 了解脱水的概念、类型特点。
2. 了解脱水生理、病理反应过程及治疗原则。
3. 掌握脱水的原因、类型、临诊特征。

## 二、病例导入

某学院动物教学医院接诊一病犬,主诉前天暴雨在外玩耍不小心淋了雨,昨天出现呕吐、腹泻不止,今日食欲开始废绝。检查发现被毛凌乱,眼球下陷(图6.2),体温39.8 ℃。该犬可能发生的病变、病因有哪些,该如何治疗?

图6.2 病犬眼球下陷

## 三、PBL 设计

(1)以上病例为哪种脱水?(　　)
A. 高渗性脱水　　　B. 低渗性脱水　　　C. 等渗性脱水
(2)脱水常表现的临床症状有哪些?

（3）低渗性脱水会对机体产生_____、_____、_____、_____的影响。

## 四、要点一览

| | |
|---|---|
| 脱水 | 动物机体因水分摄入不足或损失过多,造成体液总量异常减少 |
| 高渗性脱水 | 失水多于失钠,细胞内液减少明显,表现出口渴 |
| 低渗性脱水 | 失钠多于失水,细胞外液减少明显,易有休克和组织脱水征 |
| 等渗性脱水 | 失水等于失钠,细胞外液减少明显,可转化为高渗性或低渗性脱水 |

## 五、相关知识

动物机体因水分摄入不足或损失过多,造成体液总量异常减少称为脱水。因为水盐是体液的重要组成部分,当机体处于正常平衡状态时,细胞外液的电解质主要以 $Na^+$、$Cl^-$、$HCO_3^-$ 为主,细胞内液的电解质主要以 $K^+$、$PO_4^{3-}$、蛋白质为主。因此在脱水发生时,随着水分的丧失,伴随着不同程度的盐损失。临床上常根据水盐损失的比例不同,将脱水分为以下 3 种类型。

### (一)高渗性脱水

高渗性脱水又称缺水性脱水或单纯性脱水,是以水分丧失为主、盐丧失较少的一种脱水。该类脱水的主要特点为血液浓缩黏稠,血清钠浓度和血浆渗透压升高,细胞因脱水而皱缩,临床上动物表现口渴,尿少且尿相对密度增加,皮肤皱缩。其中血液渗透压升高为此类脱水的主导环节。当血浆渗透压升高后,刺激丘脑下部渗透压感受器,一方面反射性地引起垂体后叶释放抗利尿激素,并抑制醛固酮分泌,使肾小管对水的回收加强,钠排出增加,尿液排出减少,但尿比重增高;另一方面反射性地引起患畜口渴,宜增加水分,补充水分的缺乏。

#### 1. 发生原因

（1）水源断绝或不能进水　当动物长期在沙漠行走,水源缺乏或患咽炎、食道阻塞、破伤风等疾病不能饮水时,可引起高渗性脱水。

（2）失水过多　首先与利尿药使用不当有关,当过量使用利尿剂如高渗糖、速尿等,使得大量低渗液排出;其次水消耗增加,如发热或不适当地使用发汗、解表药和泻下药等,可损失大量低渗液;再者肾浓缩功能不全也易导致高渗性脱水;呕吐、腹泻、胃扩张、肠梗阻等疾病,也可引起大量低渗性消化液丧失。

#### 2. 对机体的影响

（1）脱水热　当脱水持续过久、血液浓稠,出现循环障碍,机体内所有腺体、皮肤、呼吸器官分泌和蒸发减少,散热减少,温热在体内蓄积,引起发热。

(2)酸中毒　细胞脱水时间过长,细胞内氧化酶活性降低,发生代谢障碍,酸性代谢产物蓄积,导致酸中毒。

(3)自体中毒　血浆渗透压升高,细胞内液和外液间循环出现障碍,组织间液得不到及时更新,代谢产物滞留体内,发生体内中毒。

### (二)低渗性脱水

低渗性脱水又称缺盐性脱水,是以盐类丧失为主、水分丧失较少的一种脱水。该类脱水的主要特点为血浆渗透压降低,血清钠浓度低,血浆容量及组织间液减少,细胞内水肿。临床动物表现为不渴,皮肤弹性降低,初期尿量增加而尿相对密度下降。后期少尿,发生容量性休克。

1. 发生原因

(1)补液不合理　当体液大量丧失后,如大汗、严重呕吐、腹泻、大面积烧伤等,只单纯性地补充过量水分或葡萄糖溶液而不补充氯化钠,导致低渗性脱水。

(2)大量钠离子丢失

①利尿剂使用不当:如长期使用利尿酸、呋塞米、氢氯噻嗪等排钠性利尿剂,导致大量钠排出体外。

②慢性肾功能不足:当慢性肾功能不足时,钠重吸收障碍,或者 $H^+$ 分泌不足而致钠损失过多。

③代谢病:如牛酮血病,机体为了带出酮体从而带走大量钠离子。

④肾上腺皮质功能降低:当肾上腺皮质降低时,醛固酮分泌下降,使肾小管对钠的吸收不足,而随尿液排出体外。

⑤胸腹水渗出:反复或大量排放胸腔积液或腹水,也可引起水钠丢失。

2. 对机体影响

(1)细胞水肿　当低渗性脱水时,细胞间液的 $Na^+$ 不断进入血液而发生渗透压降低,则水分进入细胞内引起水肿,导致细胞功能障碍。

(2)血压下降　由于水盐大量从肾脏排出,造成血浆容量减少、血液黏稠、血流缓慢、血压下降,从而出现低血容量性休克。

(3)动物体况改变　由于组织间液显著减少,导致动物四肢无力、皮肤弹性减退、眼球内陷、静脉塌陷等。

(4)自体中毒　由于血浆容量减少,循环血量下降导致尿量减少,血液中非蛋白氮含量增高,代谢产物积留。脱水严重动物将会因为循环衰竭,自体中毒而死。

### (三)等渗性脱水

等渗性脱水又称混合性脱水,在脱水时水和电解质同时大量丢失导致。这种脱水在临床上最为常见,由于水和盐等比例丧失,所以血浆渗透压基本不变。

### 1. 发生原因

多发生于呕吐、腹泻、肠炎时,肠内消化液分泌增多和剧烈腹泻而丢失大量消化液;或见于剧烈而持续的腹痛、中暑或过劳,临床上可见动物大量出汗;此外,大面积烧伤、烫伤时大量血浆成分流失也会导致该情况出现。

### 2. 对机体影响

(1)细胞脱水与代谢障碍　由于组织液和细胞内液大量进入血液,从而导致细胞脱水,发生代谢障碍。

(2)低血容量性休克　由于盐类大量丧失,致血浆钠过度减少,无法维持循环血量,最终血液黏稠,引起低血容量性休克。

(3)自体中毒　由于循环血量减少,血液黏稠,血液循环出现障碍,导致组织细胞缺血、缺氧,细胞脱水,致细胞代谢障碍,酸性代谢物增多,并且肾血流量减少,排泄功能障碍,使有毒物质无法排出体外,大量蓄积,引发自体中毒。

## 六、思维导图

## 七、拓展学习

当临床出现脱水后,一般采用补液原则进行治疗。由于脱水的不同,需先查清脱水的原因、性质和类型,以及脱水的程度。根据原因,了解如何治本;根据性质和类型,可以确定补液的成分;根据脱水的程度,可以了解补液的分量。

高渗性脱水以补水为主,补液中水和盐的比例为2:1,比如可用2份5%葡萄糖溶液配1份0.9%氯化钠溶液。等渗性脱水则水盐同补,补液中水和盐的比例为1:1。低渗性脱水以补盐为主,补液中水和盐比例为1:2。

轻度脱水时,患病动物临床症状不明显,饮欲稍有增加,此时失水量大概为总体液量的2%。补液量为体重×60%×2%。如一只5 kg的犬,总体液量为体重的60%,则体液量为3 L,补液量则为60 mL。中度脱水时,失水量大概为总体液量的4%,重度脱水时,失水量大概为总体液量的8%。

# 任务三　酸碱平衡

## 一、学习目标

1. 了解酸碱平衡的概念。
2. 了解体内调节酸碱平衡的机制。
3. 掌握常用的酸碱平衡指标。
4. 了解呼吸性酸中毒、代谢性酸中毒、呼吸性碱中毒、代谢性碱中毒的概念。

## 二、病例导入

某学院动物教学医院接诊一病犬,雄性,4 岁,主诉有发热现象,呕吐、腹泻 2 天,有饮欲,尿少。入院时检查:体温 40.2 ℃,皮肤、黏膜干燥。遂给予静脉滴注 5% 葡萄糖溶液 100 mL/d 和抗生素等。2 天后体温逐渐恢复正常,尿量增多,口不渴,但出现眼窝凹陷、皮肤弹性明显降低、四肢软弱无力、肠鸣音减弱。试分析该犬就诊前后的病理生理学变化及原因,并说明该病犬临床表现的病理生理学基础。

## 三、PBL 设计

(1)以上病例为哪种脱水? _____

(2)脱水常表现的临床症状有 _____。

(3)低渗性脱水会对机体产生_____、_____、_____、_____影响。

## 四、要点一览

| 酸和碱的概念 | 酸是指能释出 $H^+$ 的化学物质;碱是指能接受 $H^+$ 的化学物质 |
| --- | --- |
| 碱的来源 | 碱性物质来自蔬菜、瓜果中的有机酸盐和氨基酸脱氨基生成的氨 |
| 酸的来源 | 酸性物质有挥发酸和固定酸两类 |
| 酸碱平衡调节 | 1. 血液的缓冲;<br>2. 肺调节;<br>3. 肾调节;<br>4. 细胞内外离子交换 |

续表

| 常用指标 | 1. 血液 pH 值；<br>2. 动脉血 $CO_2$ 分压；<br>3. 标准碳酸氢盐和实际碳酸氢盐 |
|---|---|
| 代谢性酸中毒 | 血浆中 $HCO_3^-$ 原发性减少 |
| 呼吸性酸中毒 | 血浆中 $H_2CO_3$ 原发性增多 |
| 代谢性碱中毒 | 血浆中 $HCO_3^-$ 原发性增多 |
| 呼吸性碱中毒 | 血浆中 $H_2CO_3$ 原发性减少 |

## 五、相关知识

### （一）酸碱平衡及其调节

正常情况下，机体维持体液 pH 值在相对恒定范围的过程，称为酸碱平衡。如动物体液环境的酸碱度通常保持在 pH 7.4 左右。机体只有保持适宜的酸碱度，才能维持组织细胞的正常代谢和功能活动。

新陈代谢过程中，体内不可避免地会产生酸性或碱性物质。酸性物质的产生主要是生成了 $H^+$。由于糖、脂肪、蛋白质分子在氧化代谢中会形成 $CO_2$，$CO_2$ 和水生成 $H_2CO_3$，$H_2CO_3$ 释放出 $H^+$；同时随着饲料摄入了外来的酸性物质。碱性物质主要来自外来的植物性饲料，其中的有机酸盐，如柠檬酸盐、乳酸盐等，在体内将会和 $H^+$ 结合，释放出 $OH^-$，还有少部分来自碳酸氢根、氨基酸脱氨基产生的 $NH_3$。

机体之所以能够调节酸碱平衡，主要包括 3 个方面。

#### 1. 血液缓冲系统

血液缓冲系统调节主要靠碳酸氢盐缓冲对（$HCO_3^-/H_2CO_3$）、磷酸缓冲对（$Na_2HPO_4/NaH_2PO_4$）、血红蛋白缓冲对（K-Hb/H-Hb）、氧合血红蛋白缓冲对（$KHbO_2/HHbO_2$）、血浆蛋白缓冲对（Na-Pr/H-Pr），它们的缓冲作用能有效地将进入血液的强酸转化为弱酸。其中，碳酸氢盐缓冲对的量最大，作用最强，常以其表示体内的缓冲能力。

#### 2. 肺脏调节系统

当体内酸碱物质堆积过多时，肺可以通过改变呼吸运动的频率和幅度控制 $CO_2$ 排出的量来调节血液中 $H_2CO_3$ 浓度。当动脉血 $CO_2$ 分压升高，氧分压降低，血浆 pH 值下降时，可刺激延脑的中枢化学感受器和主动脉弓、颈动脉体的外周化学感受器，反射性地引起呼吸中枢兴奋，呼吸加深加快，大量的 $CO_2$ 将被排出，血浆中的 $H_2CO_3$ 浓度降低。

### 3.肾脏调节系统

肾脏可通过 pH 值的高低调节肾小管上皮细胞分泌 $H^+$ 和 $NH_3$，并重吸收 $Na^+$、$HCO_3^-$ 等排酸保碱作用来调节血液中 $NaHCO_3$ 的含量，从而调节酸碱平衡。

此外，组织中细胞(红细胞、肌细胞等)内外离子交换也可辅助酸碱平衡的调节。

虽然机体具有强大的缓冲系统及有效的调节功能，但在病理情况下，体内的酸性或碱性物质生成失衡，超出了机体自身的调节能力，使得平衡遭到破坏，引发酸中毒或碱中毒。

#### (二)代谢性酸中毒

在病理情况下，体内的固定酸增多或碳酸氢钠丧失过多，血浆 $NaHCO_3$ 原发性减少的过程即为代谢性酸中毒。这是临床上最为常见的一种酸碱平衡紊乱。

#### 1.病因

(1)酸性物质生成多　在缺氧、发热、血液循环障碍或病原微生物感染等病理情况下，动物机体糖、脂肪、蛋白质的分解代谢加强，氧化不全产物如乳酸、丙酮酸、酮体、氨基酸等酸性物质生成增多，可引起酸中毒。如奶牛产仔后，由于需要分泌大量乳汁，若营养没有加强，则自身三大物质分解加强，生成大量乳酸和丙酮酸，形成奶牛酮血病，引发酸中毒。

(2)酸性物质摄入过多　在治疗疾病时，服用或输入大量的酸性药物，如稀盐酸、水杨酸钠等，或当胃内容物异常发酵生成大量脂肪酸，进入血液均可引发酸中毒现象。

(3)酸性物质排出障碍　肾功能不全时，肾小球滤过率降低，酸性物质滤出减少，肾小管上皮细胞分泌 $H^+$ 和 $NH_3$ 的功能降低，导致排酸障碍，并且影响 $Na^+$、$HCO_3^-$ 的重吸收，使尿液呈碱性。

(4)碱性物质丧失过多　肠道内含有大量碱性肠液，当出现剧烈腹泻、肠阻塞时，由于大量碱性物质被蓄积在肠腔内或随之排出体外，造成体内酸性物质相对增多。在严重烧伤、烫伤、冻伤等皮肤大面积坏死的情况下，血浆中的碱性物质也会随着创面而大量丢失。

#### 2.机体的代偿调节

当机体发生代谢性酸中毒后，机体会用调节系统来恢复适应变化。此时血液中 $H^+$ 浓度升高，会被血浆中的 $NaHCO_3$ 所缓冲，生成大量 $H_2CO_3$，解离为 $H_2O$ 和 $CO_2$。由于 $H^+$ 浓度和 $CO_2$ 分压升高，刺激呼吸中枢，呼吸加深加快，大量 $CO_2$ 被排出，二氧化碳分压降低。

当血液 pH 值下降，肾小管上皮细胞内碳酸酐酶和谷氨酰胺酶活性增高，向管内分泌 $H^+$ 和 $NH_3$ 增多，使机体重吸收 $NaHCO_3$ 增强。

通过以上代偿调节，血浆内 $NaHCO_3/H_2CO_3$ 含量减少，但两者的比值和 pH 值不变，酸中毒得到代偿,故称为代偿性代谢性酸中毒。倘若体内酸性物质进一步增加,超过机体代偿能力,酸中毒继续加重,$NaHCO_3$ 不断被消化,血浆 pH 值下降,就会形成失代偿性代谢性酸中毒,对机体产生不良影响。

### 3. 对机体的影响

当动物发生失代偿性代谢性酸中毒后,血浆中 $H^+$ 浓度对机体各系统,尤其是循环系统的影响最为明显。血液中 $H^+$ 浓度升高使钙离子与肌钙蛋白结合受抑制,从而抑制心肌的兴奋-收缩偶联作用,使心肌收缩能力减弱,心肌松弛,心输出量减少,导致心脏传导阻滞和心室颤动。$H^+$ 浓度升高,也降低了外周血管对儿茶酚胺的反应性,使外周血管扩张,血压下降。中枢神经系统高度抑制,动物出现精神沉郁、反应迟钝,甚至昏迷,后多因呼吸中枢和血管中枢麻痹而死亡。

同时,血液中 $H^+$ 浓度升高,部分进入细胞,使得 $H^+$-$K^+$ 出现置换,$K^+$ 大量转移至细胞外,血钾增多,继发高血钾症。

### (三)呼吸性酸中毒

当机体呼吸功能出现障碍时,$CO_2$ 排出困难,或因 $CO_2$ 吸入过多,血浆中 $H_2CO_3$ 含量过多,从而产生高碳酸血症,称为呼吸性酸中毒。

### 1. 病因

(1)$CO_2$ 排出障碍 当呼吸中枢受到抑制(如脑炎、麻醉剂过量等)、呼吸肌麻痹(高位脊髓损伤、有机磷中毒等)、呼吸道阻塞(如慢性支气管炎、喉头水肿等)、胸廓(如胸部创伤、胸腔积液等)或肺部疾病(如肺水肿、肺炎等)时,因呼吸功能障碍而使 $CO_2$ 呼出受阻。

(2)血液循环障碍 当心功能不全时,由于全身性淤血,$CO_2$ 运输和排出受阻,血液中 $H_2CO_3$ 浓度升高,导致呼吸性酸中毒。

(3)吸入 $CO_2$ 过多 当养殖环境过窄、通风不良或养殖密度过大,空气中 $CO_2$ 含量过多,动物吸入过多 $CO_2$ 而引发酸中毒。

### 2. 机体的代偿调节

当呼吸性酸中毒出现时,呼吸系统已经无法提供代偿作用,只能靠血液缓冲系统和肾脏进行调节。此时,由于 $CO_2$ 增加,血液中 $H_2CO_3$ 浓度升高,其释放的 $H^+$ 将被血浆蛋白缓冲对和磷酸盐缓冲对中和,置换出 $Na^+$,与 $HCO_3^-$ 形成 $NaHCO_3$,补充碱储。

在呼吸性酸中毒中,肾脏的调节作用与代谢性酸中毒大致相同,主要表现为血液 pH 值下降,使得肾小管上皮细胞内碳酸酐酶和谷氨酰胺酶活性增高,分泌 $H^+$ 和 $NH_3$,回收 $Na^+$ 和 $HCO_3^-$。但生成 $HCO_3^-$ 比较缓慢,必须经过一定时间(数小时至数日)才能提升碱储。

### 3. 对机体的影响

呼吸性酸中毒与代谢性酸中毒类似,对机体的影响基本一致,但呼吸性酸中毒由于血

液中 $H_2CO_3$ 浓度升高,会出现高碳酸血症。高浓度的 $CO_2$ 可使脑血管扩张,颅内压升高,导致动物精神沉郁和疲乏无力。若浓度继续增加,甚至会引发脑水肿,致使昏迷。在急性呼吸性酸中毒或慢性呼吸性酸中毒急性发作时,$K^+$ 往往从细胞内移向细胞外,使血钾浓度升高,引起心室颤动,动物会急速死亡。

### (四)代谢性碱中毒

若碱性物质摄入过多或固定酸大量丢失,使得血浆中 $NaHCO_3$ 原发性增加,称为代谢性碱中毒。代谢性碱中毒在临床上较为少见。

#### 1. 病因

(1)体内碱性物质过多 主要与碱性物质摄入过多(如大量应用 $NaHCO_3$ 或尿素等)及碱性物质无法排除有关,如肝功能不全时,代谢产生的 $NH_3$ 无法转化为尿液。

(2)酸性物质丢失过多 由于严重呕吐,导致酸性胃液大量丢失。肠道消化液中的 $NaHCO_3$ 不能被胃酸中和而吸收入血,从而导致血液中碱性物质升高而中毒。

(3)低血钾 当血液中钾离子浓度过低时,一方面,肾小管会抑制排 $K^+$,排出 $H^+$ 增多,导致血浆中 $HCO_3^-$ 增多;另一方面,细胞内 $K^+$ 会置换到细胞外,进入血浆,补充钾浓度,使得 $Na^+$、$H^+$ 被置换到细胞内,导致细胞内酸中毒、细胞外碱中毒。

#### 2. 机体的代偿调节

血液中 $NaHCO_3$ 增高时,$H^+$ 浓度降低,pH 值增高,呼吸中枢受抑制,呼吸变慢变浅,通气量降低,血液中 $CO_2$ 排出减少,使 $H_2CO_3$ 浓度逐渐增高,但呼吸过慢过浅会导致机体迅速缺氧,因此呼吸功能的改变较为短暂和有限。此时血液中 pH 值增高,肾小管上皮分泌 $H^+$,产生 $NH_3$ 的能力降低,因此管内的 $Na^+$ 重吸收减少,体内多余的 $NaHCO_3$ 可随尿液排出。但此时 $Cl^-$ 和酸性代谢产物(如乳酸、酮体等)的排出也会减少,血氯往往偏高。细胞内的 $H^+$ 也会与细胞外的 $K^+$ 进行跨膜交换,使得细胞外 pH 值有所降低,但往往伴发低血钾症。

通过上述代偿反应,如果 $NaHCO_3/H_2CO_3$ 比值恢复 20:1,血浆 pH 回复到正常范围,称为代偿性代谢性碱中毒;反之,则称为失代偿性代谢性碱中毒。

#### 3. 对机体的影响

代谢性碱中毒时,氧离曲线左移,释出氧量减少,组织出现缺氧,pH 值升高,患畜前期处于兴奋状态,而后期精神沉郁、昏睡甚至昏迷。血浆中游离钙转变为结合钙,使得神经-肌肉兴奋性增强,患畜出现肌肉抽动、惊厥等,并且碱中毒还会引发低血钾和低血氯。

### (五)呼吸性碱中毒

由于肺换气过度,使 $CO_2$ 排出过多而引起的血浆 $H_2CO_3$ 含量原发性降低,称为呼吸性碱中毒。呼吸性碱中毒在临床上也比较少见。

**1. 病因**

（1）中枢神经系统疾病　当脑炎、脑膜炎等疾病初期，呼吸中枢兴奋性增高，呼吸加深加快，肺泡换气过度，呼出大量 $CO_2$。

（2）某些药物中毒　某些药物如水杨酸钠中毒时，也可兴奋呼吸中枢，导致 $CO_2$ 排出过多。

（3）机体代谢亢进　环境温度过高或机体发热，由于物质代谢亢进，产热增多，加之高血温的直接作用，可引起呼吸中枢兴奋性升高，导致换气过度。

**2. 机体的代偿调节**

呼吸性碱中毒时，血浆中 $H_2CO_3$ 含量减少，形成低碳酸血症，pH 值升高，呼吸系统受到抑制，呼吸减慢，使 $CO_2$ 排出减少，但这种代偿极为有限。

由于血液中 $NaHCO_3$ 浓度相对升高，红细胞内 H-Hb、$H-HbO_2$ 和血浆内 H-Pr 解离释放的 $H^+$ 与 $HCO_3^-$ 形成 $H_2CO_3$，使血浆 $H_2CO_3$ 含量有所回升。

呼吸性碱中毒最主要还是靠肾脏的代偿作用。呼吸性碱中毒与代谢性碱中毒基本相同，主要靠肾脏排出过多的 $HCO_3^-$ 来完成。

**3. 机体的影响**

呼吸性碱中毒时，由于血液中 $H_2CO_3$ 含量减少，pH 值升高，脑组织抑制物产生减少，患畜处于兴奋状态，烦躁不安；碱性环境中，血浆游离钙减少而结合钙增多，反射活动亢进，抽搐甚至痉挛，最后昏迷。

## 六、思维导图

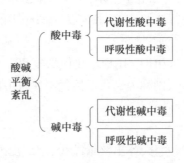

## 七、拓展学习

酸碱中毒是体内的一种自中毒现象，很难通过临床症状看出。当患畜前来就诊，除了从临床症状病例初步判断外，如何确诊是否已有酸/碱中毒的发生？现今在宠物诊疗上，常会借助血气分析仪进行确诊。血气分析仪可通过采取患畜的血清或血浆样本检测患畜动脉中的酸碱度(pH)、二氧化碳分压和氧分压等指标,通过以上指标去判定动物是否有酸碱中毒或组织缺氧现象,但 $HCO_3^-$ 的浓度则需要通过总二氧化碳含量推算出来。

由于血气测定主要是测定 $CO_2$ 等的含量,而静脉血抽取常出现阻滞,导致大量的酸性代谢产物产生,继而使得数据上存在错误,所以对小动物,测血气值主要抽取的是股动脉血。抽取的血液要避免与空气过多接触,抽取后针筒内的空气要排出,且需在 15～30 min 内完成检测。

# 项目七 炎 症

## 一、学习目标

1.掌握炎症的定义、原因和基本病理变化。

2.掌握炎症的临床表现、经过和结局。

3.掌握炎症的病理学类型及病理特点。

4.掌握肉芽肿性炎、炎性息肉、炎性假瘤的概念及病变特点。

5.熟悉急性炎症的发病机制。

6.熟悉炎症介质的类型、作用。

## 二、病例导入

科研需求下,采用金黄色葡萄球菌滴鼻的方法构建小鼠肺炎模型。结果显示,小鼠出现流脓鼻液、体温升高等症状。剖解结果表明,金黄色葡萄球菌能引发肺部炎症。正常小鼠肺组织和患肺炎时的肺组织解剖结构如图7.1所示,肺组织切片如图7.2所示。

 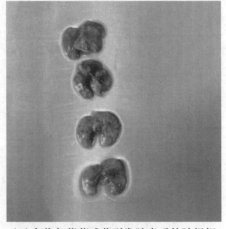

(a)正常肺组织 　　　　　(b)金黄色葡萄球菌引发肺炎后的肺组织

图7.1 小鼠肺组织解剖结构

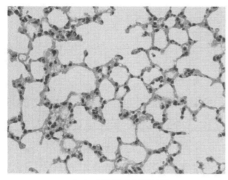 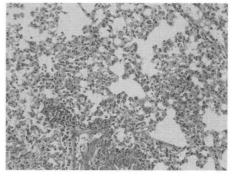

(a)正常肺组织切片　　　　　　(b)金黄色葡萄球菌引发肺炎后的肺组织切片

图7.2　小鼠肺组织切片(HE,200×)

## 三、PBL 设计

(1)从图7.1分析小鼠患肺炎时,肺组织在剖解上有什么病理变化?

(2)从图7.2分析小鼠患肺炎时,肺组织里的结构和细胞的组成有什么变化?

## 四、要点一览

| | |
|---|---|
| 炎症的定义 | 机体对致炎因素引起的损伤所产生的具有防御意义的应答反应 |
| 炎症的原因 | 主要有生物因素、物理因素、化学因素、免疫因素、组织坏死等 |
| 变质 | 炎症组织变性和坏死的总称 |
| 炎症介质 | 参与并诱导炎症反应的具有生物活性的化学物质的总称,在炎症中主要有促使血管扩张引起血管壁通透性升高进而导致炎性渗出的作用,以及对炎细胞的趋化作用 |
| 渗出 | 指炎症时血液成分外出的现象 |
| 渗出液 | 炎症反应时渗出的液体总称,具有稀释中和毒素、杀灭病原体、局限炎症,有利于修复等作用,是炎症防御性的重要表现 |
| 炎性细胞 | 炎症时渗出的白细胞 |
| 增生 | 指炎症组织内细胞分裂增殖、数目增多 |
| 炎症局部表现 | 红、肿、热、痛和功能障碍 |
| 炎症全身表现 | 发热、血中白细胞变化、单核-巨噬细胞系统增生等 |
| 临床类型 | 最急性、急性、亚急性和慢性炎症 |
| 渗出性炎的分类 | 浆液性炎、纤维蛋白性炎、化脓性炎、出血性炎 |
| 炎症的结局 | 痊愈、迁延不愈、蔓延扩散 |

## 五、相关知识

### (一)概述

炎症(inflammation)是机体对致炎因素引起的损伤所产生的具有防御意义的应答反应。从进化角度看,炎症是具有血管系统的活体组织对损伤因子所发生的防御反应。如果没有血管系统,就没有血管的收缩、扩张,也不会有血管内血流的加速、渗出、稀释和清除损伤因子等血管反应。因此,血管反应是炎症过程的主要特征和防御的中心环节,没有血管反应,也就没有炎症过程的出现。参与炎症反应的成分有血浆、循环的细胞、组织的细胞、结缔组织的基质。

#### 1. 炎症的临床局部表现和全身反应

局部表现主要是红、肿、热、痛和功能障碍。红是由于炎症病灶内充血所致;肿主要是由充血、渗出所致;热是由于动脉性充血所致;痛则与多种因素有关,如渗出物压迫作用;功能障碍则由于发生炎症的部位、炎症的性质、炎症的程度不同而异。

全身表现主要是发热、厌食、外周血白细胞计数改变等。

#### 2. 炎症的原因

能引起组织和细胞损伤的因素,都可以引起炎症,也就是炎症的原因,统称为致炎因子。按其性质可以分为以下几种。

(1)物理性因子　如切割伤、高低温、放射线等。

(2)化学性因子　酸、碱、外源性毒物和自体分解产物。

(3)生物性因子　最常见,其中最重要的有细菌和病毒,能引起急性炎症和慢性炎症。此外,变态反应或异常免疫反应均可引起炎症反应。

#### 3. 炎症的意义

炎症是最常见的病理过程,也是机体最重要的保护性反应。虽然炎症反应对机体有不同程度的危害,但最终是为了局限致病因子、吸收和清除坏死的细胞、修复组织缺损、恢复器官功能。

### (二)炎症的基本病理过程

炎症的基本病理过程包括局部组织损伤、血管反应和细胞增生,通常概括为局部组织的变质、渗出和增生。

#### 1. 组织损伤(变质)

发炎组织的物质代谢障碍和在此基础上引起的局部组织、细胞发生变性和坏死,称为组织损伤。

2. 血管反应(渗出)

(1)血液动力学改变　小动脉短暂收缩,损伤后立即出现,持续几秒;血管扩张,血流加快,致动脉性充血;10~15 min后,小静脉扩张,血液减慢致静脉性淤血。

(2)血管通透性升高　渗出是炎症反应的主要特征之一,是造成炎性水肿的机制。渗出是指炎症灶内血管中的液体成分和细胞成分通过血管壁进入组织内的过程。速发性血管通透性短暂性升高发生于微静脉,内皮细胞间连接增宽;速发血管通透性持续升高,内皮细胞受损严重;迟发性血管通透性持续升高发生于微静脉与毛细血管,内皮细胞肿胀、解离甚至坏死;新生毛细血管壁的高通透性,是修复阶段炎症有液体外渗的原因。

①液体渗出:发炎区域伴发充血或淤血后,血液中的液体成分,如血浆和血浆蛋白等通过血管壁渗出。

作用:渗出液中含有各种特异性免疫球蛋白、补体等抗菌物质,对病原微生物、毒素有中和、抑制、稀释作用;渗出液中的纤维蛋白凝固后,形成一道屏障,可以限制病原体的扩散;渗出液还可以为炎症区域组织细胞带来营养物质。

危害:渗出液过多,对组织造成压迫,引起疼痛、机化,如果发生脑膜炎,渗出液使颅内压升高,不仅引起头痛,还会造成神经紊乱。

②细胞渗出:炎症过程伴随组织血流速度的减慢和血浆成分的渗出,白细胞也会主动渗出到炎症区域组织间隙中。

作用:白细胞可以吞噬和降解病原微生物、坏死组织等。

危害:白细胞释放的酶类、炎症介质等会加剧正常组织、细胞的损伤。

白细胞渗出的过程包括:边移,即白细胞从血液的轴流进入边流,滚动并靠近血管壁的现象。贴壁,即白细胞边移后,与血管内皮细胞发生紧密黏附。游出,即白细胞穿过血管壁,进入周围炎区组织的过程。趋化作用,即白细胞穿过血管壁后,向炎症部位定向运动。吞噬作用,即渗出到炎症部位内的白细胞,吞噬和消化病原微生物、抗原抗体复合物、异物、坏死组织分解产物的过程。

③常见的炎性细胞:主要包括中性粒细胞、单核细胞和巨噬细胞、嗜酸性粒细胞、淋巴细胞和浆细胞。

A. 中性白细胞(图7.3)。

形态:中性白细胞的细胞核一般分为2~5叶,幼稚性白细胞的细胞核呈弯曲的带状、杆状或锯齿状,并且不分叶。HE染色时,细胞质内含淡红色的中性颗粒。作用:中性白细胞游走运动性强,主要功能是吞噬细菌、组织碎片等异物。

B. 单核细胞和巨噬细胞。

形态:血液中的单核细胞受刺激后,离开血

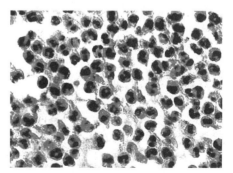

图7.3　中性白细胞

液到结缔组织或其他器官后转变为组织巨噬细胞。这类细胞体积较大,圆形或椭圆形,常有伪足或突起,细胞核呈卵圆形或马蹄形,胞浆丰富。作用:巨噬细胞有趋化能力,也有较强的吞噬能力,能吞噬非化脓菌、原虫、衰老细胞、肿瘤细胞、组织碎片等较大异物。常见的有上皮样细胞(图7.4)、泡沫细胞(图7.5)、多核巨细胞(图7.6)。

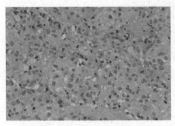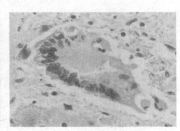

图7.4　上皮样细胞　　　　图7.5　泡沫细胞　　　　图7.6　多核巨细胞

C.嗜酸性粒细胞(图7.7)。

形态:嗜酸性粒细胞细胞核一般分为二叶,卵圆形,胞浆丰富,内含强嗜酸性颗粒。

作用:嗜酸性粒细胞游走运动能力也很强,主要作用是吞噬抗原抗体复合物、抑制变态反应,同时对寄生虫也有直接的杀伤作用。

D.淋巴细胞(图7.8)。

形态:细胞核为圆形或卵圆形,常见核的一侧有小缺痕,核染色质较密,染色深,胞浆少。

作用:淋巴细胞主要是产生特异性免疫反应。

E.浆细胞(图7.9)。

形态:细胞呈圆形,较淋巴细胞略大,胞浆丰富,轻度嗜碱性,细胞核圆形,位于细胞的一端。

作用:主要是合成免疫球蛋白,参与体液免疫。

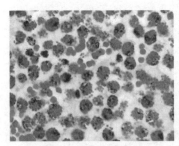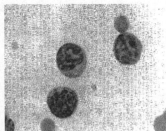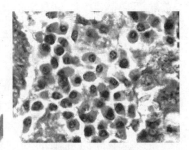

图7.7　嗜酸性粒细胞　　　　图7.8　淋巴细胞　　　　图7.9　浆细胞

3.细胞增生(增生)

增生是炎症发展过程中局部细胞活化增殖为主的变化,增生的细胞主要有巨噬细胞、成纤维细胞和血管内皮细胞。

细胞增生早期即可见,后期明显。增生细胞的类型包括实质细胞增生、间质增生、淋巴组织增生(炎症附近的淋巴结发炎)。

## （三）炎症的类型

### 1. 变质性炎

变质性炎（alterative inflammation）是指炎灶内组织和细胞变性、坏死的变质性变化很突出，而渗出和增生性过程很轻微的一类炎症。

（1）病因　多由毒物、重剧传染病、过敏、恶性口蹄疫等疾病引发。

（2）病理变化　器官的实质细胞发生颗粒变性、脂肪变性和坏死，有时也发生分解和液化。

### 2. 渗出性炎

渗出性炎（exudative inflammation）是指发炎组织以渗出性变化（包括血液的液体和细胞成分渗出）为主，同时伴有不同程度的变质和轻微增生过程的一类炎症。

（1）浆液性炎　以渗出大量浆液为主的炎症，常发生于皮下疏松结缔组织、黏膜、浆膜和肺组织等。

（2）纤维素性炎　以渗出物中含有大量的纤维素为特征的炎症，常发生在浆膜、黏膜和肺等部位。浮膜性炎发生在黏膜或浆膜上，以纤维素与少量的粒细胞、坏死上皮凝集成一淡黄色的假膜为特征。固膜性炎只发生于黏膜，又称为纤维素性坏死性炎。渗出的纤维素与坏死的黏膜结合得比较牢固，形成一痂膜，不易剥离。

（3）化脓性炎　以大量中性白细胞渗出并伴有不同程度的组织坏死和脓汁形成为特征的炎症。

（4）出血性炎　大量红细胞出现在渗出物中，眼观渗出物呈红色。

### 3. 增生性炎

增生性炎是指以结缔组织或细胞增生过程占优势，而变质和渗出性变化较轻微的一类炎症。主要包括普通增生性炎和特异性增生性炎。前者多为慢性增生性炎症，以间质纤维结缔组织增生为主；后者是以肉芽肿形成为特征的慢性增生性炎症。

## （四）炎症的结局及其生物学意义

### 1. 炎症的结局

（1）痊愈　包括完全痊愈和不完全痊愈。完全痊愈是指炎症过程中，组织损伤轻微，机体抵抗力较强，治疗效果较好，致病因素被消除，炎性渗出物被溶解、吸收，发炎组织恢复原有的结构和功能；不完全痊愈是炎症区域较大、组织损伤严重、炎性渗出物过多且不能被溶解、吸收，炎症区域周围形成肉芽组织，逐渐瘀痕化。

（2）迁延不愈　指机体抵抗力降低或治疗不彻底，因致病因素持续存在，急性炎症转为慢性炎症,炎症反应时轻时重,导致长期迁延不愈。

（3）蔓延扩散　指机体抵抗力低下,使病原微生物大量繁殖,体内炎症损伤过程占优势,炎症可向周围扩散。

2. 炎症的生物学意义

一方面,炎症是机体的一种重要保护反应,限制和消灭病原、修复损伤;另一方面,炎症又导致损伤、组织变性和坏死、功能障碍。

## 六、思维导图

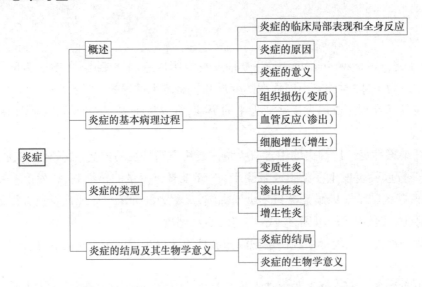

## 七、拓展学习

临床上如何根据临床症状诊断炎症? 炎症的治疗方法有哪些?

# 项目八 缺 氧

## 一、学习目标

1. 理解常用血氧指标的概念及其意义。
2. 重点掌握各种类型缺氧的定义及特点。
3. 理解各种类型缺氧的发生机制。
4. 熟悉缺氧时机体的功能和代谢变化。
5. 了解缺氧的病理发生机制与临床工作的联系。

## 二、病例导入

猪亚硝酸盐中毒是由于猪摄入含亚硝酸盐过多的饲料或饮水,引起高铁血红蛋白症,导致组织缺氧的一种急性、亚急性中毒性疾病。

急性中毒的猪常在采食后 10 ~ 15 min 发病,慢性中毒时可在数小时内发病。一般体格健壮、食欲旺盛的猪因采食量大而发病严重。病猪呼吸严重困难、多尿,可视黏膜发绀,刺破耳尖、尾尖等,流出少量酱油色血液,体温正常或偏低,全身末梢部位发凉。因刺激胃肠道而出现胃肠炎症状,如流涎、呕吐、腹泻等。共济失调,痉挛,挣扎鸣叫或盲目运动,心跳微弱。临死前角弓反张,抽搐,倒地而死。

中毒猪尸体腹部多膨胀,口鼻青紫,可视黏膜发绀。口鼻流出白色泡沫或淡红色液体,血液呈酱油状,凝固不良。肺膨大,气管、支气管、心外膜、心肌有充血和出血,胃肠黏膜充血、出血及脱落,肠淋巴结肿胀,肝呈暗红色。

## 三、PBL 教学问题

(1)硝酸盐和亚硝酸盐的化学特征有何不同?
(2)在生产实践中,硝酸盐通过什么反应可以转化为亚硝酸盐?
(3)简述血红蛋白的组成。
(4)亚硝酸盐与二价铁离子能发生什么反应?
(5)在临床工作中,可视黏膜发绀说明什么问题?

## 四、要点一览

| | |
|---|---|
| 血氧分压 | 物理溶解于血液的氧所产生的张力;动脉血氧分压主要受吸入气体氧分压和肺功能影响 |
| 血氧容量 | 特定条件下,100 mL 血液中血红蛋白(Hb)所能结合的最大氧量,取决于血液中血红蛋白的质和量,反映血液的运氧能力 |
| 血氧含量 | 100 mL 血液的实际带氧量,包括血浆中物理溶解的氧和与 Hb 化学结合的氧 |
| 血氧饱和度 | Hb 结合氧的百分数 |
| 动-静脉氧差 | 反映组织的用氧情况 |
| 低张性缺氧 | 动脉血氧分压下降 |
| 血液性缺氧 | 血红蛋白质和量改变而引起 |
| 循环性缺氧 | 组织器官的血流量减少而引起 |
| 组织性缺氧 | 组织细胞用氧障碍 |
| 对呼吸系统影响 | 轻度缺氧兴奋呼吸中枢,严重缺氧抑制呼吸 |
| 对循环系统影响 | 轻度缺氧兴奋心脏;严重缺氧抑制心脏;慢性缺氧可致肺心病 |
| 对中枢神经系统影响 | 脑对缺氧最敏感;由于 ATP 减少、代谢变化、脑血管壁通透性升高,引起脑水肿、酸中毒 |
| 对血液系统影响 | 不同缺氧可致皮肤、黏膜呈现不同的颜色;慢性缺氧时血液中红细胞和血红蛋白增多而具有代偿意义 |
| 对组织细胞和代谢影响 | 毛细血管、线粒体和肌红蛋白增多;细胞水肿、自溶;酸中毒和细胞 ATP 不足 |

## 五、相关知识

　　缺氧(hypoxia)是指因组织的氧气供应不足或用氧障碍,从而导致组织的代谢、功能和形态结构发生异常变化的病理过程。缺氧是临床各种疾病中极常见的一类病理过程。脑、心脏等生命重要器官缺氧也是导致机体死亡的重要原因。由于动脉血氧含量明显降低导致组织供氧不足,又称为低氧血症(hypoxemia)。

### (一)指标介绍

　　机体对氧的摄取和利用是一个复杂的生物学过程。一般来讲,判断组织获得和利用氧的状态要检测 2 个方面因素:组织的供氧量和组织的耗氧量。测定血氧参数对了解机体氧的获得和消耗是必要的。

1. 氧分压(partial pressure of oxygen, $PO_2$)

氧分压是物理溶解于血液的氧所产生的张力。动脉血氧分压($PaO_2$)约为 13.3 kPa (100 mmHg),静脉血氧分压($PvO_2$)约为 5.32 kPa (40 mmHg),$PaO_2$ 高低主要取决于吸入气体的氧分压和外呼吸功能,$PaO_2$ 也是氧向组织弥散的动力因素;而 $PvO_2$ 则反映内呼吸功能的状态。

2. 氧容量(oxygen binding capacity)

氧容量是指 $PaO_2$ 为 19.95 kPa (150 mmHg)、$PaCO_2$ 为 5.32 kPa(40 mmHg)和 38 ℃ 条件下,100 mL 血液中血红蛋白(Hb)所能结合的最大氧量。其高低取决于 Hb 质和量的影响,反映血液携氧的能力。人体正常血氧容量约为 8.92 mmol/L。

3. 氧含量(oxygen content)

氧含量是指 100 mL 血液的实际带氧量,包括血浆中物理溶解的氧和与 Hb 化学结合的氧。当 $PO_2$ 为 13.3 kPa(100 mmHg)时,100 mL 血浆中呈物理溶解状态的氧约为 0.3 mL,化学结合氧约为 19 mL。正常动脉血氧含量($CaO_2$)约为 8.47 mmol/L;静脉血氧含量($CvO_2$)为 5.35 ~ 6.24 mmol/L。氧含量取决于氧分压和 Hb 的质与量。

4. 氧饱和度(oxygen saturation, $SO_2$)

$SO_2$ 是指 Hb 结合氧的百分数。

$$SO_2 = \frac{氧含量-物理溶解的氧量}{氧容量} \times 100\%$$

$SO_2$ 值主要受 $PO_2$ 的影响,两者之间呈氧合 Hb 解离曲线的关系。正常动脉血氧饱和度为 93% ~ 98%;静脉血氧饱和度为 70% ~ 75%。

5. 动-静脉氧差($A\text{-}VdO_2$)

$A\text{-}VdO_2$ 为 $CaO_2$ 减去 $CvO_2$ 的差值,差值的变化主要反映组织从单位容积血液内摄取氧的多少和组织对氧利用的能力。正常动脉血与混合静脉血的氧差为 2.68 ~ 3.57 mmol/L。当血液流经组织的速度明显减慢时,组织从血液摄取的氧可增多,回流的静脉血中氧含量减少,$A\text{-}VdO_2$ 增大;反之组织利用氧的能力明显降低、Hb 与氧的亲和力异常增强、回流的静脉血中氧含量增高、$A\text{-}VdO_2$ 减小。Hb 含量减少也可以引起 $A\text{-}VdO_2$ 减小。

6. P50

P50 指在一定体温和血液 pH 条件下,Hb 氧饱度为 50% 时的氧分压。P50 代表 Hb 与 $O_2$ 的亲和力,正常值为 3.47 ~ 3.6 kPa(26 ~ 27 mmHg)。氧离曲线右移时 P50 增大,氧离曲线左移时 P50 减小,比如红细胞内 2,3-DPG 浓度增高 1 mmol/g Hb 时,P50 升高约 0.1 kPa。

### (二)缺氧类型

根据缺氧的原因和血气变化的特点,可把单纯性缺氧分为 4 种类型。

#### 1.低张性缺氧

低张性缺氧(hypotonic hypoxia)指由 $PaO_2$ 明显降低并导致组织供氧不足。当 $PaO_2$ 低于 8 kPa (60 mmHg)时,可直接导致 $CaO_2$ 和 $SaO_2$ 明显降低,因此低张性缺氧也可以称为低张性低氧血症(hypotonic hypoxemia)。

(1)原因　低张性缺氧的常见原因有以下 3 种。

①吸入气体氧分压过低:因吸入过低氧分压气体所引起的缺氧,又称为大气性缺氧(atmospheric hypoxia)。

②外呼吸功能障碍:由肺通气或换气功能障碍所致,称为呼吸性缺氧(respiratory hypoxia)。常见于各种呼吸系统疾病、呼吸中枢抑制或呼吸肌麻痹等。

③静脉血分流入动脉:多见于先天性心脏病。

(2)血氧变化的特点

①由于弥散入动脉血中的氧压力过低,使 $PaO_2$ 降低,过低的 $PaO_2$ 可直接导致 $CaO_2$ 和 $SaO_2$ 降低。

②如果 Hb 无质和量的异常变化,$CO_{2max}$ 正常。

③由于 $PaO_2$ 降低时,红细胞内 2,3-DPG 增多,故血 $SaO_2$ 降低。

④低张性缺氧时,$PaO_2$ 和血 $SaO_2$ 降低,使 $CaO_2$ 降低。

⑤动-静脉氧差减小或变化不大。通常 100 mL 血液流经组织时约有 5 mL 氧被利用,即 $A\text{-}VdO_2$ 约为 2.23 mmol/L。氧从血液向组织弥散的动力是两者之间的氧分压差,当低张性缺氧时,$PaO_2$ 明显降低和 $CaO_2$ 明显减少,使氧的弥散速度减慢,同量血液弥散给组织的氧量减少,最终导致 $A\text{-}VdO_2$ 减小和组织缺氧。如果是慢性缺氧,组织利用氧的能力代偿增加时,$A\text{-}VdO_2$ 变化也可不明显。

(3)皮肤黏膜颜色的变化　正常毛细血管中,脱氧 Hb 平均浓度为 26 g/L。低张性缺氧时,动脉血与静脉血的氧合 Hb 浓度均降低,毛细血管中氧合 Hb 必然减少,脱氧 Hb 浓度则增加。当毛细血管中脱氧 Hb 平均浓度增加至 50 g/L 以上($SaO_2 \leqslant 80\% \sim 85\%$),可使皮肤黏膜出现青紫色,称为发绀(cyanosis)。在慢性低张性缺氧很容易出现发绀,发绀是缺氧的表现。

#### 2.血液性缺氧

血液性缺氧(hemic hypoxia)指 Hb 量或质的改变,使 $CaO_2$ 减少或同时伴有氧合 Hb 结合的氧不易释出所引起的组织缺氧。由于 Hb 数量减少引起的血液性缺氧,因其 $PaO_2$ 正常而 $CaO_2$ 减低,又称等张性缺氧(isotonic hypoxemia)。

(1)原因　主要有贫血、一氧化碳中毒和高铁血红蛋白血症。

①贫血:又称为贫血性缺氧(anemic hypoxia)。

②一氧化碳(CO)中毒:Hb 与 CO 结合可生成碳氧 Hb(carboxyhemoglobin,HbCO)。CO 与 Hb 结合的速度虽仅为 $O_2$ 与 Hb 结合速率的 1/10,但 HbCO 的解离速度却只有 $HbO_2$ 解离速度的 1/2 100。因此,CO 与 Hb 的亲和力比 $O_2$ 与 Hb 的亲和力大 210 倍。当吸入气体中含有 0.1% CO 时,血液中的 Hb 可有 50% 转为 HbCO,从而使大量 Hb 失去携氧功能;CO 还能抑制红细胞内糖酵解,使 2,3-DPG 生成减少,氧解离曲线左移,$HbO_2$ 不易释放出结合的氧;HbCO 中结合的 $O_2$ 也很难释放出来。由于 HbCO 失去携带 $O_2$ 和妨碍 $O_2$ 的解离,从而造成组织严重缺氧。在正常人血中大约有 0.4% HbCO。当空气中含有 0.5% CO 时,血中 HbCO 仅在 20～30 min 就可高达 70%。CO 中毒时,代谢旺盛、需氧量高及血管吻合支较少的器官更易受到损害。高铁血红蛋白血症是指当亚硝酸盐、过氯酸盐、磺胺等中毒时,血液中大量(20%～50%)Hb 转变为高铁血红蛋白。高铁 Hb 形成是由于 Hb 中二价铁在氧化剂的作用下氧化成三价铁。

③高铁 Hb 中的 $Fe^{3+}$ 因与羟基牢固结合而丧失携带氧的能力;另外,当 Hb 分子中有部分 $Fe^{2+}$ 氧化为 $Fe^{3+}$,剩余吡咯环上的 $Fe^{2+}$ 与 $O_2$ 的亲和力增高,氧离曲线左移,高铁 Hb 不易释放出所结合的氧,加重组织缺氧。由于腐败的蔬菜含有大量硝酸盐,经胃肠道细菌作用将硝酸盐还原成亚硝酸盐并经肠道黏膜吸收后,引起高铁 Hb 血症,皮肤、黏膜呈现青灰色,也称为肠源性发绀(enterogenous cyanosis)。

(2)血氧变化的特点

①贫血引起缺氧时,由于外呼吸功能正常,所以 $PaO_2$、$SaO_2$ 正常,但因 Hb 数量减少或性质改变,使氧容量降低导致 $CaO_2$ 减少。

②CO 中毒时,其血氧变化与贫血的变化基本一致。但是 $CO_{2max}$ 在体外检测时可以是正常的,这是因为在体外用氧气对血样本进行了充分平衡,此时 $O_2$ 已完全竞争取代 HbCO 中的 CO 形成氧合 Hb。

血液性缺氧时,血液流经毛细血管,因血中 $HbO_2$ 总量不足和 $PO_2$ 下降较快,使氧的弥散动力和速度也很快降低,故 $A\text{-}VdO_2$ 低于正常。

③Hb 与 $O_2$ 亲和力增加引起的血液性缺氧较特殊,其 $PaO_2$ 正常;$CaO_2$ 和 $SaO_2$ 正常,由于 Hb 与 $O_2$ 亲和力较大,故结合的氧不易释放导致组织缺氧,$PvO_2$ 升高;$CvO_2$ 和 $SvO_2$ 升高,$A\text{-}VdO_2$ 小于正常。

(3)皮肤、黏膜颜色变化　单纯 Hb 减少时,因氧合血红蛋白减少,加之毛细血管中还原 Hb 未达到出现发绀的阈值,所以皮肤、黏膜颜色较为苍白;HbCO 本身具有特别鲜红的颜色,CO 中毒时,由于血液中 HbCO 增多,所以皮肤、黏膜呈现樱桃红色,严重缺氧时由于皮肤血管收缩,皮肤、黏膜呈苍白色;高铁 Hb 血症时,由于血中高铁 Hb 含量增加,所以患者皮肤、黏膜出现深咖啡色或青紫色;单纯的 Hb 与 $O_2$ 亲和力增高时,由于毛细血管中脱氧 Hb 量少于正常,所以皮肤、黏膜无发绀。

3. 循环性缺氧

循环性缺氧(circulatory hypoxia)是指组织血流量减少使组织氧供应减少所引起的缺

氧,又称低动力性缺氧(hypokinetic hypoxia)。循环性缺氧可以分为缺血性缺氧(ischemic hypoxia)和淤血性缺氧(congestive hypoxia)。缺血性缺氧是由动脉供血不足所致;淤血性缺氧是由静脉回流受阻所致。

(1)原因  循环性缺氧的原因是血流量减少,血流量减少可以分为全身性和局部性2种。

①全身性血流量减少。

②局部性血流量减少。

(2)血氧变化的特点  单纯性循环障碍时,血氧容量正常;$PaO_2$ 正常、$CaO_2$ 正常、$SaO_2$ 正常。由于血流缓慢,血液流经毛细血管的时间延长,使单位容积血液弥散到组织的氧量增加,$CvO_2$ 降低,所以 $A-VdO_2$ 血氧差也加大。但单位时间内弥散到组织、细胞的氧量减少,还是会引起组织缺氧。局部性循环性缺氧时,血氧变化可以基本正常。

(3)皮肤、黏膜颜色变化  由于静脉血的 $CvO_2$ 和 $PvO_2$ 较低,毛细血管中脱氧 Hb 可超过 50 g/L,可引发皮肤、黏膜紫绀。

**4. 组织性缺氧**

组织性缺氧(histogenous hypoxia)是指由于组织、细胞利用氧障碍所引起的缺氧。

(1)原因  常见原因有以下 3 个方面。

①抑制细胞氧化磷酸化:细胞色素分子中的铁通过可逆性氧化还原反应进行电子传递,这是细胞氧化磷酸化的关键步骤。以氰化物为例,当各种无机或有机氰化物,如 HCN、KCN、NaCN、$NH_4CN$ 和氢氰酸有机衍生物(多存在于杏、桃和李的核仁中)等,经消化道、呼吸道、皮肤进入体内,$CN^-$ 可以迅速与细胞内氧化型细胞色素氧化酶三价铁结合形成氰化高铁细胞色素氧化酶,失去了接收电子的能力,使呼吸链中断,导致组织细胞利用氧障碍。硫化氢、砷化物和甲醇等中毒是通过抑制细胞色素氧化酶活性而阻止细胞的氧化过程。

②线粒体损伤:引起线粒体损伤的原因有强辐射、细菌毒素、热射病、尿毒症等。线粒体损伤可以导致组织细胞利用氧障碍和 ATP 生成减少。

③呼吸酶合成障碍:维生素 $B_1$、维生素 $B_2$、尼克酰胺等是机体能量代谢中辅酶的辅助因子,缺乏会导致组织细胞对氧利用和 ATP 生成发生障碍。

(2)血氧变化的特点  组织性缺氧时,血氧容量正常,$PaO_2$、$CaO_2$、$SaO_2$ 一般均正常。由于组织细胞利用氧障碍(内呼吸障碍),$A-VdO_2$ 小于正常。患者的皮肤、黏膜颜色因毛细血管内氧合 Hb 的量高于正常,故常呈现鲜红色或玫瑰红色。

**(三)影响**

缺氧对器官的影响取决于缺氧发生的程度、速度、持续时间和机体的功能代谢状态。慢性轻度缺氧,主要引起器官代偿性反应;急性严重的缺氧,器官常出现代偿不全和功能障碍,甚至引起重要器官产生不可逆损伤,导致机体的死亡。

## 六、思维导图

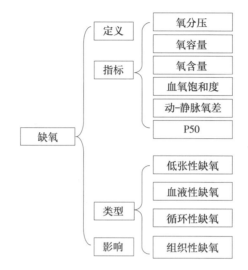

## 七、拓展学习

CO 中毒(carbon monoxide poisoning)俗称煤气中毒,是由于吸入大量 CO 气体引起的中毒。吸入的 CO 与血红蛋白结合,形成稳定的碳氧血红蛋白(carboxyhemoglobin,COHb),使血红蛋白丧失携带氧的能力,并抑制氧合血红蛋白($O_2$Hb)的分解,进而影响组织细胞供氧。CO 中毒是最常见的中毒形式之一,其发病率高、死亡率高,存活者可有神经系统后遗症,是涉及公共卫生、毒理学和人类健康的重要医学问题。

CO 中毒,主要的预防措施包括以下 4 个方面:

①广泛宣传室内用煤火时应有安全设置(如烟囱、小通气窗、风斗等),说明煤气中毒可能发生的症状和急救常识,尤其强调煤气对小婴儿的危害和严重性。煤炉烟囱安装要合理,没有烟囱的煤炉,夜间要放在室外。

②不使用淘汰热水器,如直排式热水器和烟道式热水器,这两种热水器都是国家明文规定禁止生产和销售的;不使用超期服役热水器;安装热水器最好请专业人士安装,不得自行安装、拆除、改装燃具。冬天冲凉时浴室门窗不要紧闭,冲凉时间不要过长。

③开车时,不要让发动机长时间空转;车在停驶时,不要过久地运行空调机;即使是在行驶中,也应经常打开车窗,让车内外空气产生对流;感觉不适即停车休息;驾驶或乘坐空调车如感到头晕、发沉、四肢无力时,应及时开窗呼吸新鲜空气。

④在可能产生一氧化碳的地方安装一氧化碳报警器。一氧化碳报警器是专门用来检测空气中一氧化碳浓度的装置,能在一氧化碳浓度超标时及时报警,有的还可以强行打开窗户或排气扇,使人们远离一氧化碳的侵害。

# 项目九　休　克

## 一、学习目标

1. 掌握休克的概念。
2. 了解正常微循环的特点。
3. 了解休克发生的机制。
4. 掌握休克的原因、类型及病理变化。
5. 掌握休克发生的阶段及特点。

## 二、病例导入

萨摩耶犬,体重1 kg,体温37.5 ℃,心跳150 次/min,呼吸28 次/min,呕吐,呈黄色黏液,腹泻,呈番茄汁样。主诉:该犬3天前开始不吃东西,喝水就吐。临床检查:皮肤弹性下降,皮温下降,可视黏膜发绀,腹式呼吸,倒地不起,心跳快而弱,静脉萎陷(图9.1)。

图9.1　萨摩耶幼犬就诊图

思考:1. 分析以上症状,该犬是否处于病危状态?

2. 该犬哪些内脏器官可能出现问题?

## 三、PBL 设计

（1）该犬内脏器官可能出现哪些病理变化？
（2）此时该犬体内微循环有什么特点？

## 四、要点一览

| 休克的定义 | 由于微循环有效灌流量不足而引起的各组织器官缺血、缺氧、代谢紊乱、细胞损伤，以致严重危及生命活动的病理过程 |
| --- | --- |
| 原因 | 失血和失液性、创伤性、烧伤性、心源性、感染性、过敏性、神经源性休克等类型 |
| 按血流动力学分类 | 低动力型休克、高动力型休克 |
| 缺血期 | 具有维持血压和保证心脑血供的代偿意义 |
| 淤血期 | 回心血量和心排出量显著减少，失代偿 |
| 衰竭期 | 以发生 DIC 为特点 |
| 机体代谢变化 | 能量代谢障碍、代谢性酸中毒 |
| 机体细胞损伤 | 细胞膜、线粒体、溶酶体损伤可致细胞变性和坏死 |
| 机体器官变化 | 肾、肺、心、脑等功能都可发生严重障碍 |

## 五、相关知识

休克是指由于微循环有效灌流量不足而引起的各组织器官缺血、缺氧、代谢紊乱、细胞损伤，以致严重危及生命活动的病理过程。

### （一）病因

**1.导致循环血量减少的因素**

创伤、大失血、烧伤、严重呕吐、严重腹泻等。

**2.导致心脏泵血功能障碍的因素**

心肌炎、心内膜炎、心肌梗死等。

**3.其他因素**

过敏、疼痛、感染等。

### (二)分类

#### 1. 按发病原因

按发病原因休克可分为创伤性休克、失血性休克、心源性休克、过敏性休克、感染性休克等。

#### 2. 按使动环节

按使动环节休克可分为低血容量性休克、心源性休克和血源性休克。

#### 3. 按血液动力学变化

按血液动力学变化休克可分为低排高阻型休克(低动力型、冷休克)和高排低阻型休克(高动力型、温休克)。

### (三)发生机制

机体微循环血液灌流量不足,导致重要生命器官因缺血、缺氧而发生功能和代谢障碍。其影响因素主要包括以下几个方面。

#### 1. 微循环灌流压降低

微循环灌流压降低的主要因素包括血液总量减少、心脏泵功能障碍和血管容量增大。

(1)血液总量减少　严重腹泻、剧烈呕吐、大量排尿、严重烧伤等大量血液成分丢失,引起血液总量减少、有效循环血量减少,从而使微循环灌流压降低或微循环血液灌流量不足。

(2)心脏泵功能障碍　休克时,心肌细胞代谢与功能障碍(酸中毒、缺氧)、心律失常(高血钾)、心肌损伤(内毒素)、心肌抑制(抑制因子)等,均可导致心肌收缩障碍、心输出量急剧下降、有效循环血量减少及微循环灌流压降低。

(3)血管容量增大　组织缺氧导致扩血管物质(组胺、激肽、前列腺素 E)大量释放,引起血管扩张、微循环容积扩大。此外,神经源性休克时,由于神经系统受损伤而影响交感神经缩血管功能,也可引起外周小血管扩张,血管容量增大,大量血液淤积于血管内,使有效循环血量减少,微循环灌流压降低。

#### 2. 微循环血流阻力增加

微循环阻力直接影响微循环血液灌流量,血流阻力越大则通过微循环的血量越少。微循环血流阻力包括毛细血管前阻力和毛细血管后阻力。

(1)毛细血管前阻力增加　毛细血管前阻力由小动脉、微动脉、后微动脉和毛细血管前括约肌的紧张性构成,其中毛细血管前括约肌舒缩状态是决定性因素。休克时,交感神经兴奋和肾上腺髓质释放儿茶酚胺类物质增多,使毛细血管前括约肌强烈收缩;同时能刺激血小板产生血栓素 $A_2$ 并激活肾素-血管紧张素-醛固酮系统分泌血管紧张素,血管紧张素和血栓素 $A_2$ 均有强烈的缩血管作用,使毛细血管前阻力增加,导致有效循环血液灌流量和组织血液灌流量减少。

(2)毛细血管后阻力增加　毛细血管后阻力由微静脉和小静脉的紧张性构成,其中小静脉和微静脉舒缩状态是决定性因素。交感神经兴奋和肾上腺髓质释放儿茶酚胺类物质增多,也可使微静脉和小静脉收缩,血流阻力增加,引起毛细血管内淤血,使回心血量明显减少,导致微循环有效灌流量急剧减少。

### 3.微循环血液流变学改变

血液流变学是研究血液流动和变形规律的科学。休克时,微循环灌流量不足与下述血液流变学改变密切相关。

(1)血细胞比容升高　休克淤血期,由于微血管内流体静压升高且毛细血管壁通透性增强,血液中液体成分从毛细血管内渗至组织间隙,从而导致血液浓缩、血细胞比容升高。血细胞比容越高,血液黏度和血流阻力就越大,血流量则越少,血流速度就更加缓慢。

(2)红细胞变形能力降低,聚集能力提高　休克时,红细胞变形能力降低而难以通过微循环毛细血管,导致血流阻力增高。其主要原因有:休克时,血液浓缩和组织缺氧引起血液渗透压升高和 pH 值降低,使红细胞膜流动性和可塑性降低,引起红细胞内部黏度增加;ATP 缺乏使红细胞不能维持正常功能和结构,红细胞变形能力降低难以通过毛细血管,从而导致血流阻力增高。

(3)血小板黏附、聚集和微血栓形成　休克时,血小板黏附、聚集和形成微血栓导致血流阻力增高。其主要原因有:血流减慢,血管内皮细胞受损,内皮下胶原暴露,为血小板黏附于血管壁提供了基础;损伤的内皮组织释放二磷酸腺苷,进而使聚集的血小板也可释放二磷酸腺苷、血栓素 $A_2$、5-羟色胺及血小板活化因子,使局部微血管收缩、通透性增强、血管内皮细胞水肿,从而加重血小板的聚集,加速凝血过程,形成微血栓。

(4)白细胞附壁和嵌塞　休克时,白细胞在微静脉壁附着和在血管内皮细胞核的隆起处或毛细血管分支处嵌塞,增加了血流阻力,加重了微循环障碍;嵌塞的白细胞释放自由基和溶酶体酶类,引起细胞受损。

### (四)发生和发展过程

根据微循环变化特点,可将休克发生发展分为 3 个时期。

### 1.微循环缺血期(休克前期)

微循环缺血期以微循环血管发生痉挛,微循环缺血、缺氧为特征。

（1）微循环变化的主要特点

①微循环血管痉挛性收缩，血管口径变小。

②血液从微动脉经动静脉吻合支直接流入小静脉。

③由于交感神经兴奋，肾上腺髓质释放儿茶酚胺类物质增多，致使毛细血管前阻力显著增加。毛细血管血流只限于直捷通路和动静脉吻合支，微循环血量和组织血液灌流量减少。此期微循环灌流量总的特点是"少灌少流、灌少于流"。

（2）休克代偿　机体动员多种代偿来维持血压稳定，并保证重要生命器官的血液灌流量，即休克代偿，这时机体也处于应激的早期阶段。该期微循环变化具有一定代偿意义，具体如下：

①皮肤和腹腔器官等的小动脉收缩，既可增加外周阻力以维持血压，又可减少上述组织器官的血流量，血液重新分布，保证心、脑等重要生命器官的血液供给。

②毛细血管前阻力增加，毛细血管流体静压降低，促使更多组织液进入血管以增加血浆容量。

③由于交感神经兴奋、儿茶酚胺类物质释放增多，作用于心脏β受体，使心率加快、心肌收缩力增强，从而使心输出量增加。

④儿茶酚胺类物质作用于动静脉吻合支的β受体，使其开放；同时也作用于微静脉的α受体使其收缩导致静脉容量缩小，可增加回心血量，有利于血压维持和心、脑血液供给。但是，由于大部分组织、器官因微循环动脉血灌流不足而发生缺氧，将使休克进一步发展。

休克早期患畜临床表现为神志清楚、烦躁不安、可视黏膜苍白、皮肤发凉、四肢厥冷、心肌收缩力增大、心率增加、脉搏细速、心搏加速、尿量减少、肛温下降、大量出汗、血压正常或上升。该期尚处于休克的"可逆期"，如能及早发现，消除病因，控制病情发展，及时补充血容量，并降低应激反应强度，可很快改善微循环并恢复血压，阻止休克进一步恶化而转危为安。

### 2. 微循环淤血期（休克期）

微循环淤血期，机体因交感神经-肾上腺髓质系统过度兴奋，组织持续性缺血、缺氧和局部舒血管物质增多，导致后微动脉和毛细血管前括约肌舒张、微循环容量扩大而产生淤血。

微循环变化的主要特点如下：

①交感神经兴奋，肾上腺素、去甲肾上腺素和组胺分泌增多，使微静脉和小静脉收缩，导致毛细血管后阻力增加。同时组织缺氧，组胺、缓激肽、$H^+$等舒血管活性物质增多，使后微动脉和毛细血管前括约肌舒张，毛细血管开放，微循环容积扩大而产生大量淤血。

②微血管壁通透性升高、血浆渗出使血液浓缩，毛细血管内流体静压增高、血细胞压积增大、红细胞聚集、白细胞嵌塞、血小板黏附和聚集等血液流变学的改变，可使微循环血流变慢甚至停止。

③小动脉和微动脉因交感神经作用而处于收缩状态，导致动脉压升高、进入微循环动

脉血变少。此期微循环灌流量总特点是"多灌少流、灌大于流"。

微循环淤血期患畜因微循环淤血、组织缺氧和酸中毒，表现为精神沉郁、可视黏膜发绀，出现花斑、皮温下降、静脉萎陷、少尿或无尿，甚至昏迷。

在临床上对该期治疗除消除病因外，还应该注意纠正酸中毒，以提高血管对活性药物的反应，充分输液以扩充血容量。如果抢救及时，治疗方法正确，可以阻止休克进一步恶化，病情好转；否则，病程转入休克晚期，患病动物的生命就更难保障。

### 3. 微循环凝血期（休克末期）

微循环凝血期时微血管发生麻痹性扩张，血液淤滞，使微循环内的凝血因子被激活形成纤维蛋白性微血栓，这时微循环出现广泛的弥散性血管内凝血；且常伴有局灶性或弥散性出血，组织细胞因严重缺氧，而发生变性或坏死。

微循环变化的主要特点如下：

①微血管发生麻痹性扩张，毛细血管大量开放，血液流变学改变更加明显，循环血流进一步减慢，甚至停止。

②在微循环淤血基础上，微循环内有大量纤维蛋白性微血栓形成，并常有局灶性或弥散性出血。

③微血管内皮细胞严重受损，血管平滑肌麻痹，对任何血管活性药物均失去反应。此时，即使给予补充血容量治疗，微循环灌流量也无法恢复。此期的特点是"少灌少流，甚至不灌不流"。

微循环凝血期患畜临床表现为昏迷，呼吸不规则，脉搏快而弱或不能触及，四肢厥冷，血压下降，少尿或无尿，全身皮肤有出血点或出血斑，机体出现弥散性血管内凝血和多器官功能衰竭等症状。严重时，患病动物常常死亡。

### （五）各器官变化

#### 1. 脑功能变化

休克早期由于代偿作用使血流重新分配，脑血液供应基本保持正常。随着休克的发展，有效循环血量不断减少且血压持续降低，脑组织因血液灌流量不足而致缺血、缺氧引发脑功能障碍，主要表现为反应迟钝、神志淡漠、反射活动减弱或消失。此时，脑血管还可因通透性增加，导致颅压升高和脑水肿，严重者压迫延髓生命中枢可导致死亡。

（1）眼观 病变脑水肿明显，有时可见出血点。

（2）镜检 病变脑部梗死区除有神经元和神经胶质细胞坏死外，还可见出血和小血管内微血栓。

#### 2. 心功能变化

除心源性休克伴有原发性心功能障碍外，其他各型休克也可引起心脏功能的改变。一一般情况下,休克早期可出现代偿性心功能加强,以后心脏功能逐渐出现障碍,至晚期可呈现心肌收缩力减弱、心输出量减少、心律失常等心力衰竭表现。

引起心脏功能降低的主要因素有:冠脉血流量减少和心肌耗氧量增加;心肌代谢障碍和低氧血症;酸中毒、高钾血症以及低氧血症可损害心肌功能;心肌抑制因子、细菌毒素与微血栓心肌抑制因子可抑制心肌收缩、促进弥散性血管内凝血形成。

### 3. 肺功能变化

休克早期由于呼吸中枢兴奋,使呼吸加快加深,通气过度,从而导致低碳酸血症和呼吸性碱中毒。在休克期和休克晚期,由于交感-肾上腺髓质系统兴奋和其他血管活性物质的作用,造成肺血管阻力升高,如果肺持续性低灌流,则可引起肺淤血、水肿、出血、局限性肺萎陷、微血栓与肺泡内透明膜形成等重要病理改变,使肺泡通气和换气功能障碍,呈现呼吸性酸中毒,形成休克肺。

(1)眼观　肺体积增大、质量增加、质地变实、富有光泽、呈暗红色、局部萎陷、切面流出泡沫样液体。

(2)镜检　肺严重淤血、水肿、出血,肺泡隔上皮细胞脱落,有微血栓和透明膜形成等。

### 4. 肾功能变化

休克早期表现为急性肾功能不全,并伴有肾小管坏死,其临床主要表现为少尿或无尿。休克晚期发生器质性肾衰竭。

(1)眼观　肾淤血肿大、质地变软,切面皮质增宽、色泽暗淡、呈苍白色,髓质淤血呈暗红色;病程稍长者可见大小不一的变性、坏死区。

(2)镜检　肾小球毛细血管内可见由血小板和纤维蛋白组成的微血栓,肾小囊囊腔扩张。肾小管管腔和周围间质中有单核细胞浸润,肾小管上皮细胞变性、坏死;近端肾小管扩张,管腔内充满蛋白管型;皮质部间质明显水肿。

### 5. 肝功能变化

在休克早期发生肝功能障碍,其原因有以下两种:

①低血压和有效循环血量减少可引起肝动脉血流量减少,同时由于腹腔内脏血管收缩导致门静脉血流量急剧减少,上述因素可导致肝细胞缺血、缺氧,引起损伤;弥散性血管内凝血形成可进一步加剧肝细胞损伤。

②肠道内毒性物质经门静脉进入肝内,加之肝本身毒性代谢产物蓄积,使肝细胞受到直接损害。

肝代谢障碍,可促使乳酸蓄积而引起酸中毒;蛋白质和凝血因子合成障碍,可引起低蛋白血症和出血;解毒功能降低,加重酸中毒与自体中毒。

(1)眼观　病变肝大,切面呈斑驳状。

（2）镜检　病变肝窦状隙扩张、淤血和肝细胞坏死,肝小叶中央区淤血和坏死尤为明显。

## 六、思维导图

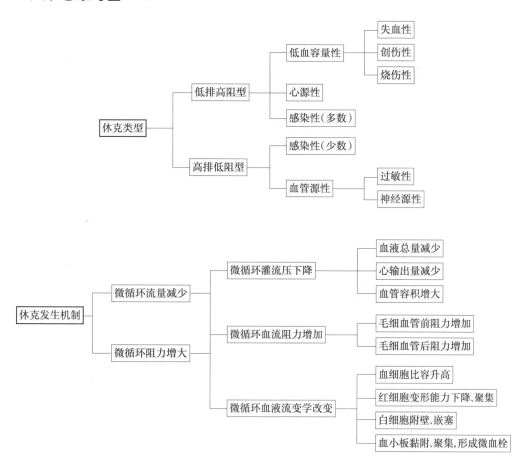

## 七、拓展学习

（1）临床常用抗休克药物有哪些?
（2）低容量性休克和感染性休克分别该如何救治?

# 项目十 黄 疸

## 一、学习目标

1. 理解胆红素的正常代谢过程。
2. 熟悉黄疸的发生原因、分类与临床表现特征。
3. 掌握 3 种黄疸的特征性病变。
4. 能够根据黄疸的临床表现辨别黄疸的发生原因并实施有效防治。

## 二、病例导入

一乌珠穆沁羊,雌性,1 岁,于 2015 年 3 月到某学院教学动物医院就诊。主诉:最近几天不怎么吃草,总是趴在地上,呼吸较快;体温 39.8 ℃,眼结膜轻度黄染;血常规检查发现红细胞数和血红蛋白含量下降,血涂片镜检发现红细胞上有血液原虫。

思考:1. 红细胞和血红蛋白含量的下降与血液原虫的存在有直接关系吗?

2. 是什么原因导致眼结膜出现黄染?

一边境牧羊犬,雄性,3 岁,于 2015 年 5 月到某学院教学动物医院就诊,主诉:近一个月来精神不好,吃得也不如以前多,经常呕吐,排便时干时稀,臭味大,颜色淡;体温 39.5 ℃,眼结膜和口腔黏膜黄染,右侧肋弓下触诊有疼痛反应。

思考:1. 分析以上症状,思考最有可能是哪个脏器出现了异常?

2. 眼结膜和口腔黏膜的黄染和该脏器的异常有直接关系吗?

## 三、PBL 设计

为何上述 2 个病例中的患病动物都有黄疸症状,引起二者黄疸的原因一样吗?

## 四、要点一览

| 胆红素 | 胆色素的一种,是胆汁中的主要色素,为体内铁卟啉化合物的主要代谢产物 |
|---|---|
| 黄疸 | 胆色素代谢失常是高胆红素血症的一种表现,黄疸是血浆中胆红素含量增高,并在皮肤、黏膜、巩膜等组织沉着使其黄染的一种病理变化 |

续表

| | |
|---|---|
| 间接胆红素 | 又称非结合胆红素,即不与葡萄糖醛酸结合的胆红素。大量血红蛋白被转变成间接胆红素,超过了肝脏的处理能力,不能将其全部转变成直接胆红素,使血液中的间接胆红素升高 |
| 直接胆红素 | 又称结合胆红素,是由间接胆红素进入肝后受肝内葡萄糖醛酸基转移酶的作用与葡萄糖醛酸结合生成的 |
| 肝肠循环 | 经胆汁或部分经胆汁排入肠道的药物或胆红素,在肠道中又重新被吸收,经门静脉又返回肝脏的现象 |
| 溶血性黄疸 | 由于大量红细胞破坏,形成大量的非结合胆红素,超过肝细胞的摄取、结合与排泄的能力 |
| 实质性黄疸 | 又称肝性黄疸,由肝脏处理胆红素的功能障碍所引起的黄疸 |
| 阻塞性黄疸 | 由肝内和肝外的胆道阻塞以致胆汁向十二指肠排出困难所引起的黄疸,也称肝后行黄疸 |

## 五、相关知识

黄疸是由于胆色素代谢失常,血浆中胆红素含量增高,并在皮肤、黏膜、巩膜等组织沉着使其黄染的一种病理变化。黄疸是高胆红素血症的一种表现,是胆色素代谢失常的反映。由于肝脏在胆色素代谢过程中具有重要作用,因此肝功能不全时常伴发黄疸。黄疸还可见于其他许多不同的疾病。

### (一)胆红素的正常代谢

#### 1.胆红素的来源

胆红素主要来自循环血液中衰老红细胞的血红蛋白,占胆红素生成总量的80% ~ 90%,其余10% ~20%则来自骨髓中的幼稚红细胞被破坏和晚幼红细胞脱核过程中所漏出的血红蛋白,以及肌红蛋白、细胞色素、过氧化物酶、过氧化物酶辅基的蛋白质等含有血红素的色素蛋白被破坏所产生的胆红素。这种来自衰老红细胞以外的胆红素,也称为旁路性胆红素。

#### 2.间接胆红素的生成

正常动物血液中每天约有1%的红细胞衰老和更新。衰老红细胞中的血红蛋白分解是在单核-巨噬细胞系统,特别是在脾和骨髓的网状内皮细胞中进行。血管外的血红蛋白分解则在巨噬细胞中进行。首先,血红蛋白分子中的珠蛋白与血红素分开;然后,血红素在酶的催化下,脱去铁,生成胆红素,后者再由胆绿素还原酶的作用生成游离胆红素。游离胆红素是一种脂溶性物质,不溶于水或体液内,故进入血液循环后其运输有赖于与血浆白蛋白结合,将两者的复合体称为血胆红素或非酯型胆红素。与白蛋白结合后限制了游离胆红素从血管逸出,因而不易渗入组织中,也不能从肾排出。临床上做血胆红素定性试验(凡登白试验)时,不能和偶氮试剂直接作用,必须加入酒精处理后,才能起紫红色阳性反应(间接反应阳性),故又称间接胆红素。

### 3. 直接胆红素的生成

间接胆红素随血液到达肝脏,在肝细胞膜上与白蛋白分开后进入肝细胞,在肝细胞内经过葡萄糖醛酸转换酶及硫酸转换酶的作用,大部分与葡萄糖醛酸结合形成胆红素葡萄糖醛酸酯,小部分与硫酸结合成胆红素硫酸酯。这种结合型的胆红素也叫酯型胆红素,易溶于水,不需酒精处理,能直接与偶氮试剂起作用而呈现紫红色阳性反应(直接反应阳性),所以也称为直接胆红素或肝胆红素,能够通过肾小球滤出而从尿液排泄。

### 4. 胆红素的肝肠循环和排出

直接胆红素在肝细胞内与胆固醇、胆酸盐等一起合成胆汁,并随胆汁经过胆道系统最后排入十二指肠。在肠道内受到细菌的作用,胆红素还原为无色的尿胆素元和粪胆素元。大部分尿胆素元和粪胆素元经氧化后成为褐色的尿胆素和粪胆素,随粪便排出体外,并使粪便带有一定的色彩。一部分粪胆素元和尿胆素元在肠内再吸收后,经门静脉进入肝脏,其中大部分又直接转变为直接胆红素,再参加胆汁合成并排入肠道(肝肠循环),小部分则不经过肝脏处理,直接进入体循环血液中,经肾脏随尿排出体外,并氧化成尿胆素和粪胆素,使尿液带有微黄色泽。

正常情况下,体内胆红素的生成和排泄维持着动态平衡(图 10.1)。因此,血液中胆红素的含量水平是相对恒定的。但在发生某些疾病时,由于各种原因,造成胆红素生成过多、

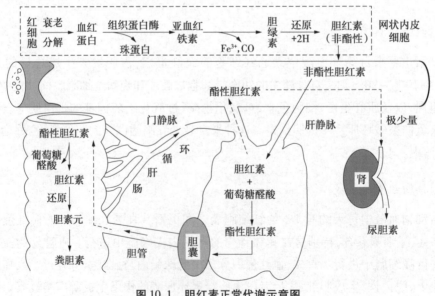

图 10.1　胆红素正常代谢示意图

转化障碍及排出受阻,破坏了这种平衡,就会导致血液中的胆红素含量增高。当达到一定程度时,临床上就会出现黄疸的症状。根据黄疸发生的原因和原理,可以将黄疸分为3大类,即溶血性黄疸、实质性黄疸和阻塞性黄疸。

## (二)黄疸的分类

### 1.溶血性黄疸

溶血性黄疸是红细胞破坏过多或旁路性胆红素生成增多所引起的,也称为肝前性黄疸。

(1)原因及机制

①红细胞破坏过多:凡能引起红细胞大量破坏的各种致病因素,都可引起溶血性黄疸,如动物遗传性贫血、苯和苯胺中毒、血液原虫病、溶血性传染病及溶血性抗体所致的新生幼畜溶血病等。

②旁路性胆红素生成过多:主要见于造血功能异常的病理情况,如恶性贫血、再生障碍性贫血时,在骨髓造血过程中,由于未成熟的红细胞中途破坏释放血红蛋白,致使旁路性胆红素在血浆中含量增高,从而导致黄疸。

不同病因引起红细胞溶解的机制不完全一样,如:犬的遗传性贫血,是红细胞丙酮酸激酶缺乏,导致能量生成不足,使红细胞易被破坏而引起溶血;苯和苯胺中毒时,苯胺能使珠蛋白变性,进而引起红细胞崩解;血液原虫病(如附红细胞体病)和溶血性传染病(如马传染性贫血),因红细胞膜抗原发生改变,或在疾病中红细胞由于机械、免疫性作用而被破坏清除;新生幼畜溶血病,因新生动物的红细胞与生后来自母体的抗红细胞抗体发生免疫反应所致。

在上述疾病过程中,由于红细胞大量破坏,间接胆红素生成过多,此时肝脏的转化能力虽也增强,但仍不能及时地把全部间接胆红素转化为直接胆红素。因此血液中间接胆红素的含量增高,引起黄疸。

(2)病理变化及特点 出现溶血性黄疸时,血液中蓄积的是间接胆红素,胆红素定性试验(凡登白试验)时,出现间接反应。这种胆红素不能从肾脏排出,因此尿中不含胆红素。同时由于肝脏转化功能相应加强,形成的直接胆红素较正常增多,排入肠道的直接胆红素和在肠道内形成的尿胆素元和粪胆素元也相应增多,所以粪便的色泽变深。同时,尿胆素元和粪胆素元的重吸收增加,肝脏来不及处理就进入体循环经肾脏排出,因而尿液中尿胆素元及粪胆素元含量均可增多,尿色加深。

(3)对机体影响 溶血性黄疸引起患畜各部分组织的黄染程度较其他类型黄疸轻微。若溶血程度不很严重,通常不会出现全身中毒现象。但大量溶血时,则可发生贫血、缺氧、发热及血红蛋白尿等全身症状,甚至危及动物的生命。例如,新生幼畜发生溶血性黄疸时,由于非酯型胆红素可通过发育尚不完善的血脑屏障,故可对中枢神经系统产生严重的毒性作用,引起神经细胞的变形、坏死,严重妨碍神经细胞的正常活动功能。此时,病畜常出现抽搐、全身痉挛和瘫痪等症状,严重的可导致昏迷死亡。

### 2. 实质性黄疸

实质性黄疸又称肝性黄疸,是由肝脏处理胆红素的功能障碍所引起的黄疸。

(1)病因及机制　凡能引起肝细胞和毛细胆管损伤的各种原因,都可引起此型黄疸,如钩端螺旋体病、传染性胸膜肺炎、马传染性贫血、四氯化碳中毒和饲料中毒(如黄曲霉毒素中毒)、长期营养不良、蛋氨酸及维生素 E 缺乏,肝脏淤血以致肝细胞缺氧时也可引起。

以上疾病中,由于肝细胞受到广泛的损害发生变性和坏死。一方面,导致肝脏对间接胆红素的转化能力减弱,造成血液中间接胆红素含量增多;另一方面,由于部分肝细胞坏死崩解和毛细胆管破坏,引起胆汁的正常排泄发生障碍,因而由肝细胞转化形成的直接胆红素可以渗入肝细胞索周围的淋巴间隙或直接渗入静脉窦而进入血液。所以出现实质性黄疸时,血液中同时存在 2 种胆红素。

(2)病理变化特点　胆红素定性试验呈双相反应。血液中含有的直接胆红素可经肾脏排出,因此尿液颜色加深。同时由于肝脏功能遭到一定程度损伤,排入肠道的直接胆红素及由肠道重吸收的尿胆素元和粪胆素元都减少,故粪色变浅。

(3)对机体的影响　出现实质性黄疸时,由于肝细胞的变性、坏死及毛细胆管损伤,也有部分胆汁流入血液,所以也可出现和阻塞性黄疸相同的影响,但程度比较轻微。此外,实质性黄疸也会引起肝脏功能障碍,表现为肝脏解毒功能降低,往往伴发自体中毒。

### 3. 阻塞性黄疸

阻塞性黄疸是由肝内和肝外的胆道阻塞以致胆汁向十二指肠排出困难所引起的黄疸,也称肝后行黄疸。

(1)病因及机制　常见于胆道被寄生虫阻塞时,如猪蛔虫,牛、羊肝片吸虫;也见于胆管结石,胆管受肿瘤的压迫,以及十二指肠、胆管、胆囊发生炎性肿胀时。此外,胆道系统的功能性障碍,如胆管及胆管通向十二指肠的出口处的括约肌痉挛性收缩,也能造成胆汁排出困难。

胆道发生阻塞时,胆汁不能流入肠管而滞留在胆管和毛细胆管内,使毛细胆管内压升高,胆管扩张,毛细胆管破裂,胆汁逆流入肝,最后进入血液,导致血液中直接胆红素含量升高,从而出现黄疸。

(2)病理变化特点　发生阻塞性黄疸后,血液中除含有大量直接胆红素外,还含有胆固醇、胆酸盐等胆汁的其他成分,血胆红素定性试验呈直接反应,由于血液内直接胆红素浓度升高,且能从肾脏排出,所以尿液中胆红素增加,导致尿色加深。但由于胆红素进入肠道障碍,肠道中形成尿胆素元和粪胆素元减少,所以粪便颜色变浅。

(3)对机体的影响　出现阻塞性黄疸时,进入血液的是整个胆汁成分,所以黄疸症状特别明显。由于胆汁中的胆酸和胆酸盐在体内大量蓄积,引起全身各器官系统发生一系列的变化。例如,胆汁酸盐可引起迷走神经兴奋,也可直接作用于心脏,引起心跳减慢和血压下降;胆汁酸盐沉积于组织内可引起炎症,尤其在皮肤和汗腺中积聚时可引起皮肤瘙痒;胆汁酸盐对脑神经细胞有先兴奋后抑制的作用,最终导致患畜精神沉郁、萎靡无力,感觉迟钝。另外,当胆汁酸盐经肾脏排出时,可损害肾小管上皮细胞,致使尿液除色泽变深外,还出现蛋白尿和管型。此外,由于胆汁不能排入肠腔,直接影响脂肪及脂溶性维生素的消化吸收,如维生素 K 吸收障碍,可引起血液凝固性降低。

## 六、思维导图

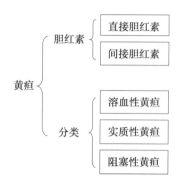

## 七、拓展学习

1.黄疸,根据发病学原因,可分为_____、_____和_____ 3 类;根据病变发生的部位,可分为_____、_____和_____ 3 类。

2.黄疸,可根据血清中增多的胆红素性质,分为未结合胆红素(即_____或_____性黄疸)和结合胆红素(即_____或_____性黄疸)。

3.溶血性黄疸患者胆红素代谢有什么特点?

4.试述肝细胞性黄疸胆红素代谢的特点。

5.溶血性黄疸、肝性黄疸和阻塞性黄疸的胆红素代谢有何不同?

# 项目十一　肿　瘤

## 一、学习目标

1. 掌握肿瘤的定义、原因和基本病理变化。
2. 掌握良性肿瘤和恶性肿瘤的鉴别诊断。
3. 了解肿瘤的命名原则。
4. 了解动物常见的肿瘤。

## 二、病例导入

给小鼠腹腔接种乳腺癌细胞,可引发小鼠的乳腺肿瘤。患乳腺肿瘤的小鼠腹部可见明显的块状突起,如图 11.1 所示。通过病理组织切片可以确诊为乳腺肿瘤,正常小鼠乳腺组织切片和乳腺肿瘤的切片如图 11.2 所示。

图 11.1　小鼠患乳腺肿瘤的外观图

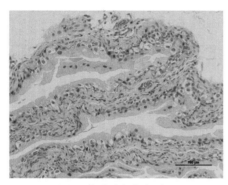 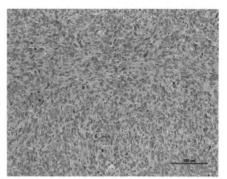

　　(a)正常乳腺组织切片　　　　　　　　　　(b)乳腺肿瘤组织切片

**图 11.2　小鼠乳腺组织切片**（HE,200×）

## 三、PBL 设计

如何确诊小鼠患了乳腺肿瘤？

## 四、要点一览

| | |
|---|---|
| 肿瘤的定义 | 在致瘤因素作用下,机体组织细胞异常增生而形成的新生物 |
| 肿瘤的结构 | 由实质和间质组成 |
| 肿瘤的分化程度和异型性 | 分化程度是指肿瘤组织与其起源组织在细胞形态和组织结构上的相似程度,异型性是指二者之间的差异性。异型性的大小是判断肿瘤良恶性的主要依据,良性肿瘤分化程度高,异型性小;恶性肿瘤分化程度低,异型性大 |
| 生长 | 良性肿瘤生长较慢,多以膨胀性方式生长;恶性肿瘤生长较快,多以浸润性方式生长 |
| 扩散 | 扩散是恶性肿瘤的特征,有直接蔓延、转移两种形式 |
| 转移 | 恶性肿瘤细胞侵入血管、淋巴管或体腔,从而被带到他处并继续生长,形成与原发瘤性质相同肿瘤的过程。转移有淋巴道转移、血道转移和种植性转移 3 种方式 |
| 肿瘤细胞的代谢特征 | 核酸和蛋白质合成增强、糖酵解增强、酶改变 |
| 良性肿瘤的影响 | 主要为局部压迫和阻塞 |
| 恶性肿瘤的影响 | 除压迫和阻塞外,还有破坏、出血、发热、疼痛、恶病质等 |
| 良性肿瘤的命名 | 起源组织名称+"瘤" |
| 恶性肿瘤的命名 | 起源组织名称+"癌（或肉瘤）"。癌是指起源于上皮组织的恶性肿瘤;肉瘤是指起源于间叶组织的恶性肿瘤 |
| 肿瘤发生的外部因素 | 包括化学因素、物理因素、生物因素等 |
| 肿瘤发生的内部因素 | 包括遗传、免疫、性别和年龄等 |

## 五、相关知识

肿瘤(tumor)是机体在各种致瘤因素作用下,局部易感细胞发生异常的反应性增生所形成的新生物。

### (一)肿瘤的病因

**1. 外因**

(1)物理性因素　电离辐射、紫外线、机械性刺激等。

(2)化学性因素　致癌性碳氢化合物、芳香胺类、亚硝胺类、真菌毒素、植物致癌毒素等化学性致癌物质。

(3)生物性因素　病毒、寄生虫等。

**2. 内因**

(1)种属　不同的种属对某种肿瘤的发生率不同。

(2)品种与品系　品种和品系不同,某些肿瘤类型和发生率也有差异。

(3)年龄　一般来说,老龄动物的肿瘤发生率较高。

(4)性别　某些肿瘤有明显的性别差异,如雌性动物多见乳腺肿瘤、卵巢腺癌等。

(5)毛色　恶性黑色素瘤多发于老龄的白马。

(6)内分泌　内分泌紊乱可导致某些肿瘤发生。

(7)遗传　遗传因素能不同程度地决定宿主对致瘤因素的敏感性。

(8)免疫状态　免疫功能低下时易患肿瘤。

### (二)肿瘤的一般形态

(1)形状　多种多样(图11.3)。受多种因素的影响,比如肿瘤的发生部位、肿瘤的类型、肿瘤的性质等。常有结节状、花菜状、乳头状、息肉状、分叶状、溃疡弥漫等形状。

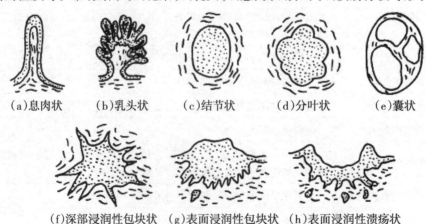

(a)息肉状　　(b)乳头状　　(c)结节状　　(d)分叶状　　(e)囊状

(f)深部浸润性包块状　(g)表面浸润性包块状　(h)表面浸润性溃疡状

**图11.3　肿瘤的形态**

（2）体积　与生长时间及生长部位有关。

（3）颜色　与组织种类及含血量多少有关。

（4）硬度　取决于组织种类及实质与间质的比例。

### （三）肿瘤的一般结构

（1）实质　是肿瘤细胞的总称,决定肿瘤的性质。不同的肿瘤,其实质的细胞成分不同。瘤细胞是原来组织的正常细胞发生质变而来,其细胞形态和结构与其起源的正常细胞有一定的相似之处。

（2）间质　主要由结缔组织和血管组成,可有少量的淋巴管和神经纤维,对实质起营养和支撑作用。间质内血管的多少可判定肿瘤的预后。

### （四）肿瘤细胞的代谢特点

（1）糖代谢　肿瘤组织中参与糖酵解的各种酶活性较正常组织高,许多肿瘤组织在有氧或无氧条件下都可以通过糖酵解获取能量。

（2）蛋白质代谢　分解代谢和合成代谢都增强。

（3）核酸代谢　合成 DNA 和 RNA 的能力增强,分解过程降低,肿瘤细胞的 DNA 和 RNA 含量明显增高。

（4）酶系统　一般情况下,恶性肿瘤组织中细胞色素氧化酶、琥珀酸脱氢酶降低,蛋白分解酶升高(有氧状态下不能将糖完全氧化,只能转变成乳酸,可能与酶谱改变有关)。

### （五）肿瘤的异型性

#### 1.肿瘤的异型性概念

（1）异型性　指肿瘤组织在瘤细胞形态和瘤组织结构方面都与其发源的正常组织有不同程度的差异。

（2）分化　幼稚细胞发育为成熟细胞的过程。

（3）间变　是恶性肿瘤细胞缺乏分化的状态。间变的肿瘤细胞具有明显的多形性(大小、形态变异性大)。

（4）间变性肿瘤　具有明显的多形性,异型性大,甚至不能确定其组织来源。几乎都是高度恶性肿瘤。

#### 2.肿瘤细胞的异型性

良性肿瘤细胞与其起源的细胞形态十分相似,异型性小。恶性肿瘤瘤细胞异型性显著,有以下特点:

（1）瘤细胞的多形性　大小形态不一,一般较大,可出现瘤巨细胞。

（2）瘤细胞核的多形性　要观察以下内容:核大小形态不一,一般较大;形状不一,出现巨核、多核和畸异核;核膜厚,染色质分布不均;核仁大、多;核分裂相多、出现病理性核分裂相。

(3)瘤细胞质的改变　核蛋白体增多细胞质嗜碱(稍蓝染);可出现分泌物或代谢物的潴留。

### (六)肿瘤的生长方式和扩散

#### 1.肿瘤的生长

(1)膨胀性生长　常为良性肿瘤的生长方式,成结节状,挤压周边组织,外有包膜。

(2)外生性生长　体表、体腔或管腔器官内表面的肿瘤向表面生长形成突起(乳头状、息肉状、蕈状、菜花状),良恶性肿瘤都有这种生长方式。

(3)浸润性生长　多为恶性肿瘤所有,瘤组织伸入周围组织内,无包膜,分界不清,手术不易切净,易复发。

#### 2.肿瘤的扩散

(1)直接扩散　瘤细胞连续不断地沿组织间隙、淋巴管、血管、神经束等外周间隙侵入并破坏邻近的正常组织或继续生长。

(2)转移　瘤细胞从原发部位侵入淋巴管、血管或体腔,被带到他处继续生长,形成同样肿瘤的过程。如"转移瘤""继发瘤"。

### (七)肿瘤对机体的影响

#### 1.良性肿瘤

一般对机体影响较小,主要有局部压迫和阻塞(良性肿瘤的主要影响),如肠梗阻、气管狭窄。

(1)继发性改变　肠息肉型腺瘤、膀胱乳头状瘤溃疡时导致出血、感染。

(2)内分泌性良性肿瘤　因分泌某种激素导致相应的内分泌症状。垂体前叶嗜酸性腺瘤导致巨人症或肢端肥大症;胰岛细胞瘤导致阵性低血糖。

#### 2.恶性肿瘤

除有良性肿瘤的影响外,恶性肿瘤还因生长快、能浸润破坏组织、转移等,影响更严重。

(1)并发症　可因浸润、坏死,并发出血、穿孔及感染。

(2)顽固性疼痛　浸润、压迫神经。

(3)恶病质　恶性肿瘤晚期导致消瘦、无力、贫血,全身出现衰竭状态。

#### 3.良性肿瘤与恶性肿瘤的区别

良性肿瘤与恶性肿瘤的主要区别见表11.1。

表 11.1 良性肿瘤与恶性肿瘤的主要区别

| 特点 | 名称 | |
| --- | --- | --- |
| | 良性肿瘤 | 恶性肿瘤 |
| 生长速度 | 缓慢 | 较快 |
| 生长方式 | 膨胀性生长 | 浸润性生长 |
| 转移与复发 | 不转移,摘除后不复发 | 常有转移,摘除后常复发 |
| 继发改变 | 很少发生坏死、出血 | 常发生坏死、出血 |
| 瘤细胞形态 | 分化良好,与原发组织的形态相似 | 分化不好,异型性明显,与原发组织的形态差异大 |
| 核分裂相 | 无或稀少,不见病理性核分裂相 | 多见,并见病理性核分裂相 |
| 对机体的影响 | 小,主要为局部压迫和阻塞作用 | 较大,除压迫、阻塞外,还可破坏组织引起出血和感染,到后期引起恶病质,甚至死亡 |

**(八)动物的常见肿瘤**

(1)乳头状瘤 是一种病毒性传染病,一般认为发生部位与擦伤有关。常侵害 2 岁以下的犊牛、1~3 岁的马和兔。

(2)脂肪瘤 发生于脂肪组织的肿瘤。常发于肠系膜、肠壁等处。

(3)腺瘤 腺上皮发生的良性肿瘤。多见于肝脏、卵巢、甲状腺、乳腺等。

(4)纤维肉瘤 包括成纤维细胞发生的恶性肿瘤,也包括一些凝固产生胶原的未分类的混合性间叶细胞肿瘤。在动物中纤维肉瘤常见,特别多发于犬、猫、黄牛、水牛。

(5)鳞状细胞癌 又称扁平细胞癌,简称鳞癌。可发生于皮肤和皮肤型黏膜,如口腔、肛门、食管、阴道等处。

(6)肾母细胞瘤 又称胚胎性肾瘤,为动物常见的一种肿瘤。最常见于兔、猪、鸡,也见于牛和绵羊。

(7)鸡卵巢腺癌 母鸡最常见的一种生殖系统肿瘤。一般见于成年母鸡。卵巢形成大量乳头状结节。

(8)淋巴肉瘤 由未成熟的淋巴网状细胞组成,间质少,生长快速,易广泛转移。牛、猪、鸡多发。

(9)鸡马立克氏病 鸡的一种由 B 群疱疹病毒感染引发的淋巴组织增生性疾病。以外周神经、性腺、内脏器官、肌肉及皮肤发生淋巴样细胞增生浸润和形成肿瘤病灶为特征。

(10)黑色素瘤 由产黑色素的细胞形成的恶性肿瘤,简称黑肉瘤。马骡最多发,常见于动物的尾根、肛门周围和会阴部。

（九）肿瘤的命名和分类

（1）肿瘤的命名

①良性肿瘤命名：来源组织+"瘤"（纤维瘤、乳头状瘤）。

②恶性肿瘤命名：癌：上皮组织的恶性肿瘤（鳞癌、腺癌）；肉瘤：间叶组织的恶性肿瘤（结缔组织、脂肪、肌肉、脉管、软骨等，"纤维肉瘤""骨肉瘤"）；癌肉瘤：肿瘤组织中既有癌的成分也有瘤的成分。

（2）肿瘤的分类　包括上皮组织瘤、间叶组织瘤（支持组织瘤、造血组织瘤、肌组织瘤）、神经组织瘤、其他组织瘤。

## 六、思维导图

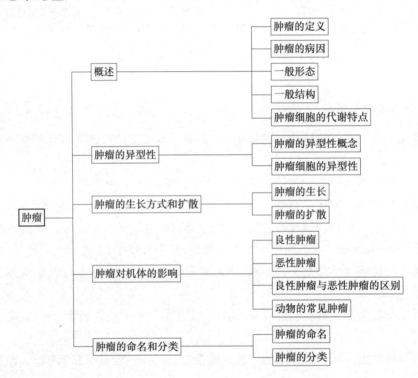

## 七、拓展学习

（1）如何区分良性肿瘤和恶性肿瘤？

（2）如何对肿瘤进行诊断？

# 项目十二　实训指导

## 任务一　病理切片

### 实训一　局部血液循环障碍

1. 猪肝脏瘀血

中央静脉及周围肝窦扩张,充满红细胞,肝细胞胞浆内出现大小不等的透明空泡,如图12.1、图12.2所示。

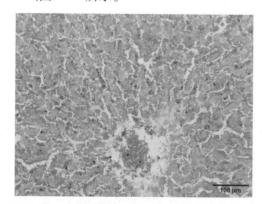 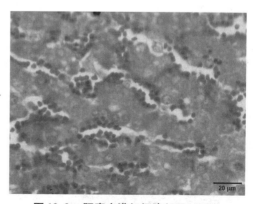

图12.1　中央静脉及肝窦充满红细胞(HE,100×)　　　图12.2　肝窦充满红细胞(HE,400×)

2. 肾脏出血

肾小管间堆积数量不等的红细胞,形成条索状或巢状,如图12.3所示。

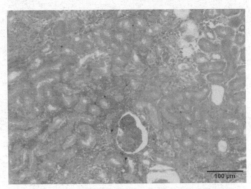

图 12.3 肾小管间有红细胞(HE,100×)

### 3. 脑膜弥漫性血管内凝血

脑膜血管内广泛出现以透明血栓为主的微血栓。脑实质内血管充血,也可见透明血栓,如图 12.4 所示。

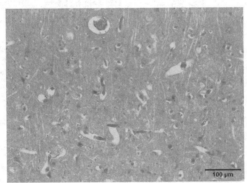

图 12.4 血管内透明血栓(HE,100×)

### 4. 猪脾脏出血性梗死

脾组织边缘有一较大锥体状病灶,其内部固有结构小时,呈同质化或颗粒状,红细胞堆积,如图 12.5、图 12.6 所示。

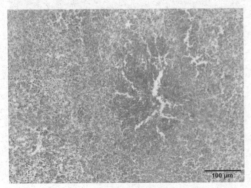

图 12.5 出血性梗死(HE,100×)

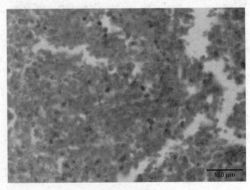

图 12.6 红细胞堆积(HE,400×)

## 实训二 细胞与组织的损伤

**1. 猪肾脏颗粒变性**

肾小管上皮细胞肿大,胞浆浑浊,充满淡红色的蛋白质颗粒,肾小管管腔狭窄或几乎完全闭塞,一些细胞核结构模糊,肾小管间有红细胞,如图 12.7 所示。

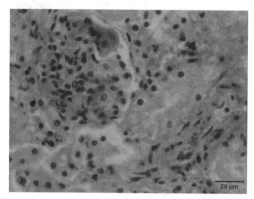

**图 12.7 肾小管颗粒变性**(HE,400×)

**2. 鸭中毒性肝炎(黄色肝萎缩)**

肝实质萎缩,结缔组织增生,肝小叶缩小,不规则,结构不明显,肝细胞体积增大,呈空泡样,肝窦内缺乏红细胞,如图 12.8 所示。

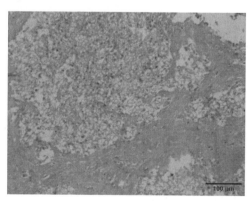

**图 12.8 肝细胞呈空泡样**(HE,100×)

**3. 猪肝细胞水泡样变**

肝小叶内细胞肿胀,呈蜂窝状,细胞形似气球,胞浆淡染,肝小叶中央静脉及肝窦变窄,肝窦内缺乏红细胞,如图 12.9 所示。

图 12.9　肝细胞水泡样变（HE,100×）

### 4.猪酒精性肝炎

脂质在小叶肝细胞内聚集呈空泡样,肝细胞肿胀,中央静脉及肝窦变窄,间质结缔组织增生,如图 12.10 所示。

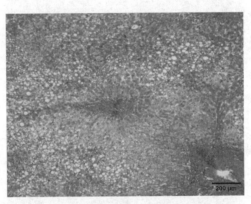

图 12.10　肝细胞呈空泡样（HE,40×）

# 实训三　组织修复、代偿与适应

### 1.牛肺坏死组织极化及钙化

肺组织中有几个同质化的病灶,其中央有蓝色颗粒状钙盐沉积,周围有炎性细胞浸润,外围有结缔组织包裹,如图 12.11 所示。

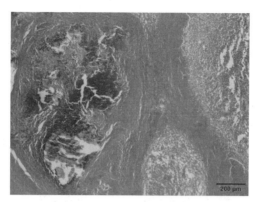

图 12.11　牛肺坏死组织极化及钙化（HE，40×）

### 2. 牛肺结核

肺组织中有多个中央同质化的病灶，其周围有大量上皮样细胞、浆细胞及淋巴细胞浸润，并可见朗罕氏细胞，外围包裹的结缔组织不明显，形成特殊肉芽肿，如图 12.12 所示。

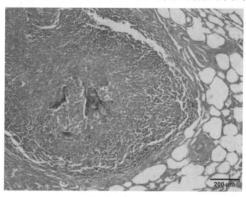

图 12.12　牛肺结核结节（HE，40×）

### 3. 肉芽组织

新生的幼稚结缔组织，由大量成纤维细胞、丰富的毛细血管、数量不一的各类炎性细胞及少量胶原纤维共同组成，如图 12.13 所示。

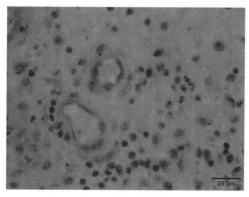

图 12.13　肉芽组织（HE，400×）

# 实训四　炎　症

**1. 猪大叶性肺炎（灰色肝变期）**

肺泡腔内充满大量纤维素、嗜中性粒细胞和巨噬细胞，肺泡壁毛细血管充血不明显，如图 12.14 所示。

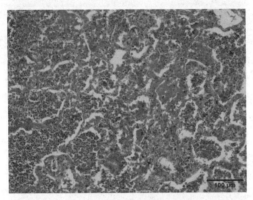

图 12.14　肺泡腔内纤维性渗出物（HE，100×）

**2. 猪小叶性肺炎**

肺泡内充满嗜中性粒细胞、淋巴细胞、单核细胞和脱落的上皮细胞等，间质血管充血，病灶周围肺泡腔扩大，肺泡壁变薄，如图 12.15 所示。

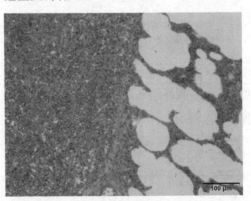

图 12.15　病灶及周围（HE，100×）

**3. 猪慢性肾小球肾炎**

肾小球数量较少，体积增大，部分呈纤维化，肾小囊壁变厚，间质结缔组织增生，有淋巴细胞浸润，肾小管数量减少，管腔扩张，如图 12.16 所示。

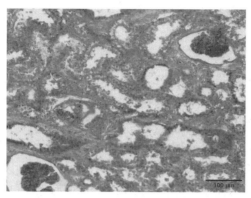

图 12.16  肾脏结缔组织增生(HE,100×)

4.肺水肿

肺泡内充满大量淡染水肿液,有炎性细胞浸润,间质内血管充血,肺泡壁变薄,如图 12.17 所示。

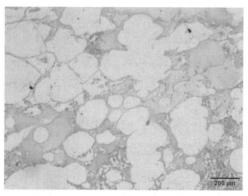

图 12.17  肺泡内渗出液(HE,40×)

# 任务二  病理剖检

## 一、一般剖检要点

### 1.病理解剖前的准备

病理剖检工作应及时进行,以免组织自溶而影响结果的正确性。在剖检前了解动物的病史,如各种化验、检查结果、临床诊断和死亡原因,做到心中有数,以便作出客观正确的诊断,必要时采用摄影记录,作为尸检客观记录的基础材料。

### 2.体表检查

体表检查从头部至四肢逐一进行,先称体重,测量身长,观察发育、营养状况;检查体表皮肤有无黄染、出血点、疤痕、创口等,以及其部位、大小。从头部开始,检查头部有无出血、血肿,颅骨有无凹陷性骨折,眼睑皮肤有无水肿,结合膜有无充血和出血,巩膜是否黄染;鼻腔、口腔及外耳道有无溢液,其性质如何;角膜、耳、鼻、口腔有无溃疡;牙齿有无脱落,口唇是否青紫;腮腺、甲状腺是否肿大,胸廓是否对称,乳腺有无肿块,乳头有无泌液;腹部是否膨隆;肛门是否正常;四肢有无水肿,指甲有无发绀,关节有无畸形及损伤;外生殖器有无病变,浅表淋巴结是否肿大,并做详细记录。对疑似中毒病例,还应注意收集病畜的体液、分泌物、胃内容物和残留的呕吐物,保存于洁净的瓶内,以备毒物分析时用。

### 3.腹腔检查

(1)胃检查要点　主要检查胃的外观,浆膜、黏膜的病变,胃内容物性状等。

①单胃:观察胃的大小、形态、胃壁软硬程度等;观察浆膜有无出血,胃壁有无粘连、破损、穿孔等,以及淋巴结是否存在充血、肿大等变化;由贲门沿胃大弯至幽门剪开胃,检查胃内容物,判断食物种类、性状(液态、半固态、固态),并观察内容物中有无异物;观察胃黏膜颜色,有无充血、出血、溃疡等,观察黏液数量和性状(浆液性、黏液性、脓性、纤维素性、出血性)。

②复胃:检查方法与单胃相似,将瘤胃、网胃、瓣胃、皱胃之间的联系分开,剪开时瘤胃应沿背缘或腹缘,网胃、瓣胃沿大弯,皱胃沿小弯剪开。尤其应注意网胃有无创伤,是否与胳相粘连等。

(2)肠道检查要点　分段检查各肠道浆膜、肠系膜有无出血、水肿,淋巴结状态,内容物的数量、性状,黏膜状态。

①小肠:检查各肠段是否有鼓气等现象;观察浆膜状况,查看有无充血、出血、水肿等;检查肠系膜有无水肿、出血及肠系膜淋巴结状况;拉直肠管,沿肠系膜附着处剪开肠腔,检查内容物性状、数量,尤其十二指肠处,观察其中是否胆汁异常,或有无异物等;观察黏膜是否肿胀、充血、出血,有无糜烂、溃疡等,如遇病变,则暂停查看,并做记录。

②大肠:检查各肠段是否有鼓气等现象;观察浆膜状况,查看有无充血、出血、水肿等;检查肠系膜有无水肿、出血及肠系膜淋巴结状况;剪开肠道间肠系膜的联系,拉直肠管沿肠系膜附着处剪开肠腔,检查内容物性状、硬度、干湿度、数量等状况;观察肠壁有无厚薄变化,以及黏膜有无肿胀、充血、出血、渗出、溃疡等病理变化。

(3)脾脏检查要点　主要检查脾外观、脾小梁及脾髓状态。将脾脏面向上摆好,测量脾的长、宽、厚,并观察脾的形状、颜色,是否有瘢痕、结节、出血、坏死或梗死,被膜是否紧张等;用手触摸,判断脾的质地是否有变化(坚硬、柔软、脆弱);纵切(由最凸处向脾门)、横切(脾头、尾处),观察纵切面颜色、血量、是否外翻等状况;观察脾髓和小梁的状态及比例,是否有结节,界限清晰与否,小梁纹理是否有变化等;用刀背剐蹭,观察脾髓是否容易刮脱。

(4)胰脏检查要点　主要检查胰脏外观、质地。检查所属淋巴结是否异常;观察胰脏的颜色、形态等是否异常;检查胰脏的质地是否发生变化;做切面检查,观察胰脏内部状况,是否存在异常;必要时,可用探针插入胰管并沿其切开胰管,观察管内膜及内容物的变化。

(5)肝脏及胆囊检查要点　主要针对肝脏的外观、质地,切开检查肝组织是否有变化,以及胆囊外观及内容物检查。检查肝门部的血管、胆管、淋巴结等;对肝进行称重,检查肝脏的颜色、大小、形态、被膜是否紧张等,并用尺子测量其长、宽、厚,肝的叶数;观察肝脏表面是否有明显出血、坏死、结节等情况,并用手触摸,判断其厚薄、质地是否有变化,是否有明显凹凸不平等状况;横切或纵切肝叶,观察切面的色泽、质地、含血量等情况,注意切面是否有外翻、是否有异样物质流出等状况;观察肝小叶结构是否清晰,有无脓肿、结节、坏死等;观察胆囊大小、颜色、充盈程度等;剪开胆囊,观察胆汁颜色和浓稠程度,以及是否有结石、出血,内壁是否有溃疡等状况。

(6)肾脏检查要点　观察肾脏的外观、质地,切开检查肾组织是否有变化。一般先检查左肾。观察肾脏的形态、大小、色泽和质地,被膜是否紧张等;由肾的外侧向肾门将肾纵切成两半(保留肾门处部分软组织连接),用镊子剥离被膜,检查其是否易剥离;检查剥离被膜后的肾表面是否光滑、平坦,有无颗粒状或明显的出血、梗死、脓肿或囊肿、瘢痕等病变;检查切面,观察皮质、髓质和中间带之间界限是否清晰,以及各层颜色、质地、比例、结构是否清晰等基本状态;剪开肾盂,检查内容物性状、颜色、结石等,以及肾盂黏膜是否有出血等病变。

### 4.胸腔检查

(1)肺脏检查要点　检查肺脏的外观、质地,切开检查内部组织是否有变化。将肺脏背面向上放置,观察肺的大小、颜色、质地、弹性、分叶,表面是否平坦,有无明显病灶等;剪开气管,检查气管黏膜的色泽,分泌物的性状、数量等;先纵后横切开肺叶,观察切面是否外翻,切面流出物颜色、性状,肺组织的含血量、色泽,血管充盈程度,有无血栓等;观察支气管中黏膜的色泽,分泌物性状及数量,是否存在寄生虫、食物、药物等异物;如发现病灶,则切下小块肺组织,投入清水中,观察其沉浮情况以作进一步判断。

(2)心脏检查要点　检查表面血管沟及血管内状况,心脏外观,切开检查心肌组织变化,二尖瓣、三尖瓣、心腔内状况等。观察心脏冠纵沟的脂肪量及性状,有无明显出血点、斑;观察心脏外观形状、大小、颜色、充盈程度及心外膜性状等;从冠状血管自主动脉出口处剪开冠状动脉及其分支,观察是否有血栓形成,检查主动脉有无异常;按血流方向由后腔静脉入口剪开右心房至心尖部,并剪开右心室及肺动脉,观察三尖瓣瓣膜状况,是否光滑,有无增厚、变形、缺损,是否有血栓形成;剪开左心房及主动脉,观察二尖瓣瓣膜状况;检查心脏内血液性状、数量级心内膜的光泽度,有无出血,是否由血栓形成等;沿室中隔横切,对心肌进行检查,心肌厚薄是否异常(左∶右＝3∶1),观察心肌质地、颜色、光泽、弹性,有无变性、坏死、出血、瘢痕等。

**5.骨盆腔检查**

(1)膀胱及输尿管检查要点 膀胱外观,膀胱、输尿管内容物性状及内部黏膜状况。观察膀胱的大小及浆膜有无明显病变;自基部剪开膀胱,检查内容物数量、性状,有无结石等,翻开膀胱检视其黏膜是否有出血、溃疡等;剪开输尿管,检查其黏膜及内容物性状。

(2)生殖系统检查要点 公畜检查外生殖器、副性腺;母畜检查卵巢及输卵管、子宫、阴道。

①雄性:检查公畜外生殖器,观察其形态是否正常,检视包皮有无肿胀、溃疡、瘢痕等,龟头、包皮分泌物有无异常;自尿道口沿腹侧中线剪开阴茎至尿道骨盆部,观察尿道黏膜,有无出血等病变,尿道内是否有结石;横切检查阴茎海绵体;检查睾丸和副性腺,观察其外形、大小、质地,切开检视切面状态及内容物性状等是否存在异常。

②雌性:通过触摸、剪开输卵管的方式,检查其是否阻塞,管壁有无增厚或变薄的情况,内部黏膜是否出现出血等病变;观察卵巢大小、性状等,并切开检查黄体、卵泡情况;沿阴道上部正中线依次剪开阴道、子宫颈和子宫体的大部分,再斜向剪开子宫角部,以充分打开阴道及子宫,检视各部内腔容积,内容物性状,黏膜色泽、湿度、弹性等,以及黏膜是否出血、溃疡、糜烂、破裂、瘢痕等。

**6.其他检查**

(1)淋巴结检查要点 检查淋巴结的外观,切开检查其内部变化。观察淋巴结的大小、颜色、质地,是否有充血、出血、肿胀等病变;纵切淋巴结,观察切面病变细节。

(2)脑检查要点 检查脑外观,脑沟、脑回状态,切开脑组织,观察灰质、白质状况,垂体的状况等。脑底向上放置,检查脑底,观察神经、血管状况;观察脑膜是否出现浑浊、充血、出血等变化,脑沟内是否蓄积渗出物、变浅,脑回扁平等。检查脑组织湿度,灰质和白质的颜色、质地,有无出血、血肿、脓肿、坏死、包囊等病变。检查垂体,观察其大小,纵切开观察切面颜色、光泽、质地等。

## 二、猪的剖检程序

**1.猪体表的检查**

首先对猪的眼结膜、鼻腔、口腔、耳孔等进行检查,其次进行尸僵的检查,活动各关节。再进行皮肤的检查,观察皮肤有无充血、出血、坏死等病变,然后对肛门及周情况进行检查,并检查生殖器官。而后检查眼结膜;检查耳孔;检查鼻腔;检查口腔;活动关节;检查肛门;检查阴茎。

**2.猪体表的消毒**

用消毒液让皮肤浸湿。

3. 猪尸体剖检

（1）固定与剖皮　猪的尸体剖检采取背卧位（先用刀剖左肢、右肢，背位朝下，首先把四肢与躯干的连接切开，其目的是使猪能稳定地背部朝下，便于胸腹腔的剖开）。

对非传染性病猪，一般进行剖皮。剖皮时，从下颌正中线开始切开皮肤，经颈、胸部、腹壁白线向后至脐部时，向左右分为两线，绕开乳房和生殖器官、肛门，最后汇合于尾根部。四肢的剖皮可从系部作一个环状的切线，然后在四肢内侧作以腹中线垂直的切线，细心剖皮，在剖皮的过程中要观察皮下病理变化，注意检查皮下淋巴结的变化。

（2）剖开腹腔　从剑状软骨后方沿腹白线，由前向后直至耻骨联合作一切线。然后再从剑状软骨后方沿左右 2 个肋骨后缘至腰椎横突做第二、第三切线。使腹壁切成 2 个大小相等的斜形，让体侧向两侧掰开即可露出腹腔。

在左季肋部可见脾脏，提取脾脏。并在剪去脾脏后，剪去其他连接后，取出脾脏。脾脏检查要点：脾外观、脾小梁及脾髓状态。将脾脏面向上摆好，测量脾的长、宽、厚，并观察脾的形状、颜色，是否有瘢痕、结节、出血、坏死或梗死，被膜是否紧张等。用手触摸，判断脾的质地是否有变化（坚硬、柔软、脆弱）。纵切（由最凸处向脾门）、横切（脾头、尾处），观察纵切面颜色、血量、是否外翻等状况。观察脾髓和小梁的状态及比例，是否有结节，界限清晰与否，小梁纹理是否有变化等；用刀背刮蹭，观察脾髓是否容易刮脱。找出盲肠，剪断回盲韧带与回肠，在离回肠约 15 cm 处，将回肠双重结扎，并切断。然后用刀切离空肠、回肠上附着的肠系膜，分离肠道，直至十二指肠、空肠区。最后在空肠起始终部做双重结扎并剪断，即可取出空肠、回肠。在骨盆腔内找到直肠，将其中的粪便挤向前方做单结扎，并在结扎方剪直肠，提起直肠，沿背侧切断直肠系膜，最后切断前系膜根部及结肠与背部之间的联系，即可取出大肠。

检查各肠段是否有鼓气等现象；观察浆膜状况，有无充血、出血、水肿等；检查肠系膜有无水肿、出血及肠系膜淋巴结状况；剪开肠道间肠系膜的联系，拉直肠管，沿肠系膜附着处剪开肠腔，检查内容物性状、硬度、干湿度、数量等状况；观察肠壁有无厚薄变化，以及黏膜有无肿胀、充血、出血、渗出、溃疡等病理变化。然后找出食管，先将食管表面的肌肉环切，以防脱扣，然后进行单结扎，在结扎前端剪断食道，胃即可摘除。把肾组织周围剥离一下，切除肾动脉及输尿管，取出肾脏。肾脏、肝脏剖检与一般剖检特点一致。

（3）胸腔剖开　用刀剥离胸壁上的肌肉，切断两侧肋骨与肋软骨结合部，再切断肋骨与膈、心包的联系，即可除去胸骨，暴露胸腔。分离气管与周围组织的联系，将气管、肺脏和心脏一同摘除。心脏与肺脏剖检要点与一般剖检方法一致。

（4）颅腔的剖开　检查脑组织不必先取下头部，可利用头与躯体的连接来作固定，便于用锯开颅。检查前先在寰枕关节处切开皮肤，然后沿嘴角处向寰枕关节方向纵向切开皮肤，将皮肤向鼻部方向剥离，使颅骨和鼻骨完全暴露。此时头骨仍然通过鼻吻部的皮肤组织与身体相连，便于实施开颅。

开颅前，先在两侧眶上突后缘作一横锯线，从此锯线左右两端经额骨、顶骨侧面至枕崤外缘作两条平行的锯线,再从枕骨大孔左右两侧作一"V"形锯线与两条纵线相连,即可揭开颅顶,观察到脑组织。

最后,在2～3臼齿之间作一横切,也可纵向锯开,便可观察鼻腔。在下颌支内侧,切断两侧舌骨、把舌一同摘除。

### 三、鸡剖检特点

和大动物相比,鸡的解剖结构差异较大,因此其剖检技术也存在较大差异。在鸡的消化系统中,有发达的肌胃和贮藏食物的嗉囊(食管膨大的部分),肠管较短,而十二指肠较大,盲肠有2条。肺形态小,并固定在肋间隙中,有9个和肺相通的气囊。左右二肾固定在腰部,分为前、中、后三叶,鸡无膀胱,其输尿管直接通入泄殖腔。鸡的左侧卵巢发达,成年鸡右侧卵巢退化,输卵管通入泄殖腔。公鸡睾丸位于腰区,鸡和火鸡无独立成形的淋巴结,淋巴结组织是在其他器官和组织中散在分布的,但在泄殖腔上边却有一个独特的淋巴器官腔上囊即法氏囊。法氏囊在性成熟时(鸡4～5月龄,鸭3～4月龄)最大,以后逐渐萎缩、变小。此外,鸡没有明显完整的膈,无胸腹腔之分,两者相通,统称为体腔。必须注意,在气管分叉处(即气管与支气管交界处)有一发声器官即鸣管。

鸡尸检的顺序和方法如下:

①外部检查:鸡的外部检查主要包括羽毛、营养状况、天然孔、皮肤、骨和关节。检查羽毛是否粗乱、脱落,生长是否正常,有无寄生虫,泄殖孔周围的羽毛有无粪便污染。用手指在胸骨两侧触摸肌肉的多少和胸骨嵴的显现情况来确定营养情况。检查天然孔、口腔、鼻孔、泄殖腔应注意其分泌物、排泄物的多少和性状。检查皮肤时,特别要注意检查冠和肉髯的颜色和大小,同时观察头颈部、体躯与腿部皮肤有无痘疹、出血、结节等病变。骨和关节的检查着重确定趾骨的粗细、骨折的有无、骨关节的肿大与变形等。

②用消毒药消毒浸湿羽毛和皮肤。

③拔除颈、胸与腹部的羽毛,剪断两趾内侧基部同躯体的联系(皮肤、结缔组织与肌肉),并将两后肢压至髋关节脱臼,使尸体仰卧固定。

④由下颌间腺沿体中线至泄殖腔切开皮肤并向两侧剥离,注意不要切破嗉囊,检查胸腺大小及发育情况,检查皮下、肌肉颜色有无出血等。

⑤体腔的剖开应从胸骨后端至泄殖腔孔纵行切开体腔。在胸骨两侧的体壁上向前延长纵行切口,将两侧体壁剪开。用胸剪剪断乌喙骨和锁骨,手握龙骨嵴,向上前方用力搬拉,揭开胸骨,剪断肝、心与胸骨的联系及其周围的软组织,即暴露体腔。

⑥体腔的视检要注意气囊有无霉菌生长或其他变化,特别要检查体腔内的炎性渗出物、腔积血及卵黄性浆膜炎。

⑦器官的取出。依次取出心与心包、肝、脾、腺胃和肌胃、肠和胰、睾丸、气管和肺、肾、法氏囊、嗉囊、胸腺。

⑧检查口腔、上呼吸道,观察喉头、气管有无充血、出血、水肿等病理变化。

⑨打开颅腔,观察脑膜有无充血、水肿、出血等。

⑩分离肌肉,观察两侧坐骨神经的粗细、有无肿大等病理。

## 四、家兔剖检特点

兔的尸检,除非必要,一般可不剥皮。对于实验的或要急宰的兔,如需进行剖检,可以耳静脉注射空气致死。

兔的盲肠占据了腹腔大部分空间。在成年兔中,右腹部几乎全被盲肠充满。胃与肝紧贴,呈"U"字形的十二指肠位于腹腔背部,十二指肠后段逐渐延续为空腔,其系膜较长,回肠与盲肠之间以回韧带连接。回肠进入盲肠处膨大,称圆小囊,囊壁有丰富的淋巴组织。

盲肠特别发达,大而长,呈螺旋形柱状体,内壁有狭窄的螺旋瓣,具有消化作用。盲肠前端很粗,向后逐渐变细,最后为盲端,尖细而其壁较厚,称蚓突。盲肠依次分为右下部(由前向后)→前曲→右上部(由前向后)→后曲一左部(由左后向右前斜行)一蚓突(由右季肋部伸向胃的后上方)。结肠前端呈袋状,在这里形成粪球;后端肠壁光滑平直,和小肠相似。结肠最后进入直肠。腹壁切开后浅层内脏的位置:前部——肝、胃,右侧——盲肠和结肠的一部分,左侧——小肠和盲肠左部,后部——膀胱和子宫角(母兔)。

# 参考文献

[1] 于金玲,李金岭.动物病理[M].北京:中国轻工业出版社,2014.

[2] 范春玲,周玉龙,沈冰蕾.动物病理生理学[M].哈尔滨:黑龙江教育出版社,2013.

[3] 陈宏智.动物病理[M].2版.北京:化学工业出版社,2016.

[4] 陆桂平.动物病理[M].北京:中国农业出版社,2001.

[5] 刘宝岩,邱震东.动物病理组织学彩色图谱[M].长春:吉林科学技术出版社,1990.